BIBLIOTHÈQUE

CHRÉTIENNE ET MORALE,

APPROUVÉE

PAR MONSEIGNEUR L'ÉVÊQUE DE LIMOGES.

HISTOIRE NATURELLE

DES INSECTES

ET

DES REPTILES,

PAR

M. LE CHEVALIER RÉGLEY.

LIMOGES.

BARBOU FRÈRES, IMPRIMEURS-LIBRAIRES.

HISTOIRE NATURELLE

DES INSECTES ET DES REPTILES.

En voici justement une masse énorme qui voltige entre ces saules.

HISTOIRE NATURELLE

DES INSECTES

ET DES REPTILES,

PAR

M. LE CHEVALIER REGLEY.

LIMOGES,

CHEZ BARBOU FRÈRES, IMPR.-LIBRAIRES.

—

1847.

AVANT-PROPOS.

LES enfants ont bien des défauts.

—A qui le dites-vous? s'écrieront mes jeunes lecteurs de bonne foi.

— Oui, ils en ont un grand nombre, et tous, tant que nous sommes, nous avons passé par-là. Nous connaissons les Enfants terribles, si bien dépeints et représentés par Gavarni; parmi eux, nous avons remarqué les petits questionneurs, les enfants insupportables, indiscrets, qui vous accablent de ques-

.tions auxquelles souvent il est impossible de répondre : ce ne sont pas là les enfants qui nous intéressent. Au milieu de ces enfants mal élevés, nous en avons observé de charmants, qui aiment à écouter, à apprendre, et qui ne font des questions à ceux qui les entourent que pour s'instruire : ce sont les petits questionneurs que nous aimons et pour lesquels nous avons réuni les leçons amusantes qui doivent leur donner quelques idées sur l'histoire naturelle, si attachante à tous les âges, et plus tard sur la chimie et la physique, dont les découvertes frappent les yeux de tous, et dont il est bon de faire connaître de bonne heure les avantages et les bienfaits aux jeunes enfants studieux et intelligents.

La méthode que nous avons adoptée n'est pas nouvelle : c'est un bon père qui travaille avec Adolphe et Zoé, ses chers enfants, et qui répond à leurs questions, ou qui appelle leur attention sur tels et tels objets d'histoire naturelle. Cette marche a déjà plus d'une fois été suivie ; mais qu'importe, si elle est bonne ? Le plus important pour nous c'est d'instruire en amusant ; c'est là notre but, et nous avons l'espoir de l'avoir atteint autant qu'il est possible de le faire dans un ouvrage aussi incomplet, avec des dimensions aussi bornées.

Si ces leçons sont favorablement accueillies par le public studieux, auquel nous le destinons, nous les complèterons plus tard dans de nouvelles publications, toujours dans le même but, et appropriées au jeune âge, que nous voulons amuser et instruire.

PREMIÈRE LEÇON.

UNE PROMENADE AUX BRUYÈRES DE SUCY (SEINE-ET-OISE).

Il était midi ; le soleil dardait ses rayons un peu trop perpendiculaires pour une promenade. Adolphe et Zoé, frère et sœur, qui s'aimaient tendrement, ne pouvaient comprendre pourquoi leur excellent père, M. de Luçon, leur avait indiqué cette heure inusitée ; mais, comme ils savaient aussi que rien ne se faisait à la maison sans but utile, et toujours dans l'intention de leur être agréable, ils avaient pris bravement leur parti, et tous deux étaient prêts pour cette chaude promenade, qui les intriguait un peu.

Zoé, jeune personne charmante de douze à treize ans, armée de son ombrelle (et c'était le cas de ne pas l'oublier), avait eu soin aussi de se munir d'un petit panier et de petites boîtes que son père lui avait désignées. Adolphe, petit brun à l'œil vif et intelligent, collégien de onze ans, tenait à la main un lanet qu'il avait confectionné pour la chasse aux papillons, mieux nommés lépidoptères. Tous deux, ainsi équipés, attendaient M. de Luçon, qu'une visite inattendue avait retardé bien malgré lui, car cette heure avait été choisie avec intention.

Il arriva enfin, et ne put s'empêcher de rire en voyant ses chers enfants déjà prêts, et, malgré une chaleur de canicule, quoiqu'on ne fût encore arrivé qu'au 25 juin, tout disposés, disons-nous, à aller affronter au bois des Bruyères l'ardeur d'un soleil qu'aucun nuage ni le moindre zéphir ne tempérait.

—Vous voilà bien étonnés, mes chers petits! s'écriat-il en riant : c'est la première fois que je vous fais faire une telle promenade, vous que je ne conduis ordinairement dans les champs que le soir ou le matin. Comment ! vous ne devinez pas que j'ai un but ! vous ne vous souvenez pas que depuis longtemps je vous promets cette partie de plaisir !

ADOLPHE.

Non, vraiment, je ne devine pas, cher papa;

mais cela m'est bien égal : je te suivrais au bout du monde, à minuit comme à midi ; et d'ailleurs les papillons sont en bien plus grand nombre lorsqu'il fait chaud, et je vais faire une belle chasse aujourd'hui.

M. DE LUÇON.

Sans doute ; mais il y a papillons et papillons : tu sais ces beaux lépidoptères que tu vois dans mon cabinet...

ZOÉ.

Lépidoptères ! Qu'est-ce que c'est que ce nom barbare, mon cher papa ?

M. DE LUÇON.

En effet, ma chère enfant, j'aurais dû commencer, puisque vous vous occupez des papillons depuis quelque temps, par vous dire que leur vrai nom était lépidoptère, c'est-à-dire ayant des ailes à écailles.

ADOLPHE.

A écailles ! Comment cela ?...

M. DE LUÇON.

Ah ! comment cela ! C'est une leçon tout entière d'entomologie que tu me demandes là.

ZOÉ.

D'entomologie! Qu'est-ce encore ?

M. DE LUÇON.

Allons, encore un grand mot qui te fait peur, ma chère Zoé : cela veut dire tout simplement histoire des insectes ; et comme des enfants bien élevés ne doivent pas s'effrayer des expressions consacrées par la science, et qu'il est bon, au contraire, de se familiariser avec tous ces mots , je ne suis pas fâché de tes questions , et même je te prie de m'en faire souvent de semblables.

ADOLPHE.

Tu disais tout à l'heure, mon cher papa , que tu avais dans ton cabinet des lépidoptères...

M. DE LUÇON.

C'est juste : je répondais, à ta pensée de faire une

bonne chasse à cause de la chaleur, qu'il y avait papillons et papillons, et que dans mon cabinet tu avais vu, ainsi que ta sœur, les grands lépidoptères bruns, qui ont jusqu'à 0 ^{m} 18 centimètres de largeur, c'est-à-dire d'un bout d'une aile à l'autre, ce qui s'appelle envergure ; eh bien! ces papillons, connus sous le nom de paon de Paris, peuvent être rencontrés à l'état de repos pendant le jour, mais ne se prennent au vol que le soir, la nuit même, au moyen d'une lanterne...

ZOÉ.

Oh! que ce serait amusant de voir cette chasse ! Nous irons, n'est-ce pas?...

M. DE LUÇON.

Oui, mes chers enfants, mais à une condition : c'est que vous ne toucherez plus aux ailes de ces pauvres papillons, qui perdent ainsi toute leur valeur ; car si les hommes font souffrir et mourir les animaux que la curiosité ou la nécessité leur fait poursuivre, soit dans l'intérêt de la science, soit dans celui de leur propre conservation, un grand nombre d'animaux devant servir à notre nourriture, des enfants intelligents doivent éviter de les faire souffrir inutilement, et, lorsqu'ils sont morts, on doit prendre garde de les gâter en les touchant sans précaution.

ADOLPHE.

Oh ! nous prendrons bien garde, et tu nous montreras la manière de les saisir sans les briser ; car, l'autre jour, ce beau papillon que j'avais pris dans ce lanet que tu m'as fait faire n'était plus le même après que je l'eus serré dans ma main, et cette poudre de toutes couleurs qu'il avait sur les ailes était restée imprimée sur mes doigts.

M. DE LUÇON.

Eh bien ! cette poudre, mon cher Adolphe, c'est justement ce qui les fait appeler lépidoptères à ailes d'écailles, ou couvertes d'écailles. Je te les ferai voir avec le microscope, et vous admirerez avec quel ordre, quelle symétrie, la nature a disposé ces écailles, qui sont rangées comme des tuiles sur le toit d'une maison.

ZOÉ.

Tu nous as dit, papa, que c'était le bon Dieu qui avait fait toutes choses, et tout à l'heure, à propos de ces écailles, tu fais les honneurs de leur disposition à la nature.

M. DE LUÇON.

Je te remercie, Zoé, de ta réflexion : j'oubliais, en effet, de vous prévenir que toutes les fois qu'il m'arrivera, pendant nos leçons, d'attribuer à la nature tel ou tel effet, j'emploie une figure de langage; en d'autres termes, j'entends par nature l'auteur de la nature, c'est-à-dire Dieu, créateur de tout ce qui existe, comme vous l'avez vu dans votre Histoire sainte, pendant les six premiers jours du monde. Que toutes ces leçons élèvent donc vos âmes vers la divine Providence, en considérant les oiseaux du ciel, qui ne sèment ni ne moissonnent, qui n'amassent rien dans les greniers, et que le Père céleste nourrit. Souvenez-vous de ces paroles du Sauveur des hommes : vous lui êtes, mes enfants, bien plus chers que les oiseaux, car tout ce qui est créé est pour vous, et vous pour Dieu.

ZOÉ.

Papa, lorsque je serai un peu plus habile à colorier mes fleurs, je veux aussi copier des papillons et essayer à imiter les vives couleurs de leurs ailes.

M. DE LUÇON.

J'en ai vu de fort bien peints, mais jamais ce

velouté des écailles n'a pu être exactement imité. Il existe un moyen bien plus simple, tout mécanique, avec lequel on peut les reproduire avec la plus stricte exactitude.

ZOÉ.

Au moyen d'une mécanique ?

M. DE LUÇON (souriant).

Non, mon enfant : un moyen mécanique ne veut pas dire avec une mécanique, mais seulement une méthode étrangère aux sciences et aux arts, un moyen que tout le monde peut employer.

ZOÉ.

Et moi aussi, je pourrais imiter ces belles couleurs, ces petits dessins si délicats, que nous voyons sur les ailes des... des... lépi... lépi...

M. DE LUÇON.

Décidément, ma chère Zoé, les mots scientifiques ne peuvent entrer dans ta petite tête. Va, ne te gêne pas, dis papillon tout simplement; seulement, plus tard, lorsque nous nous occuperons d'autres insectes, que nous serons obligés de classer par ordre, par familles, tu tâcheras de te ressouvenir du mot, et de ne pas le confondre avec les lépidoptères.

ADOLPHE.

Moi, je m'en souviens déjà parfaitement : lépidoptères, insectes qui ont des ailes avec des écailles; cela est simple comme bonjour.

M. DE LUÇON.

Oh ! toi, tu es un savant, tu as de la mémoire; mais sois tranquille; tu auras à l'exercer lorsque nous nous occuperons des insectes que je veux recueillir pour vous, et dont la quantité est innombrable.

ZOÉ.

Mais tout cela ne me donne pas la manière de peindre sans pinceau et sans couleurs ces belles ailes ; je meurs d'envie de la connaître.

M. DE LUÇON.

Oh ! je l'oubliais : c'est, ma chère enfant, tout bonnement de préparer un papier enduit de gomme arabique, de placer les ailes avec soin, séparées du corps et étendues, sur ce papier, de serrer assez fortement en mettant un papier blanc par-dessus les ailes ; au bout de quelques instants, on a obtenu la copie la plus exacte qui soit au monde de l'aile du papillon, il est vrai, aux dépends de l'original, car l'aile perd ainsi ses écailles, qui sont toutes placées sur le papier gommé dans un sens inverse ; mais le coup d'œil n'en est pas moins ravissant et des plus curieux.

ADOLPHE.

Oh ! quel bonheur, ma sœur ! nous allons, en rentrant, nous amuser à cela ; nous en prendrons une plus grande quantité, nous en conserverons la moitié, et l'autre nous servira pour cette peinture d'un nouveau genre.

M. DE LUÇON.

Allons, partons, mes chers enfants ; nous tardons trop à nous mettre en route : il est une heûre, c'est déjà tard pour plusieurs insectes que je voulais vous faire voir, et qui ne se montrent qu'en plein soleil ; mais c'est égal ; aux bruyères de Sucy, vous savez que l'ombre est assez rare, et nous arriverons encore à temps, si vous ne vous amusez pas en route.

Le bon père prit donc ses enfants par la main et les excita à marcher d'un bon pas, pour arriver plus tôt; ils se dirigèrent par le chemin qui longe le joli bois de bouleaux de M. de Merval, riche propriétaire de Sucy, dont le caractère loyal et bienveillant lui attire l'affection de tous. Les enfants auraient bien voulu courir dans ce charmant petit bois, dans lequel on rencontre mille lapins et des oiseaux de toute espèce, sans compter les plus jolies fleurs des champs, dont sa mousse et son gazon toujours verts sont émaillés; mais M. de Luçon tenait aux bruyères pour ce jour-là, on reviendrait plus tard aux bouleaux; d'ailleurs la journée avait déjà été bonne pour nos enfants, qui aimaient à s'instruire et étaient déjà enchantés de savoir que les papillons étaient des lépidoptères, et que les écailles de leurs ailes aux mille couleurs pouvaient être imprimées sur du papier gommé.

Ils réfléchissaient à cela, lorsque Adolphe s'arrêta tout-à-coup en s'écriant :

«Ah! mon Dieu! la belle couturière que j'allais écraser! »

M. DE LUÇON.

Cours vite, prends-la, cette petite bête toute dorée.

ADOLPHE.

Je n'ose pas...

M. DE LUÇON (la saisissant).

Et de quoi as-tu peur , petit maladroit? Lorsque je te dis de la prendre, c'est que je sais qu'il n'y a pas de danger.

ZOÉ.

Tu nous l'as déjà dit... et j'en ai toujours peur... ça court si vite.

M. DE LUÇON.

Voilà une belle raison!... Voyez comme je la tiens par-derrière; elle voudrait me mordre qu'elle ne le pourrait. Ne disais-tu pas, Adolphe, que c'était une couturière?... Où as-tu été pêcher ce nom-là?

ADOLPHE.

C'est le petit Fouyou, le fils du jardinier, qui nomme ainsi ces petites bêtes couleur de feu.

M. DE LUÇON.

Voilà une belle autorité que M. Fouyou! Ceci est un joli carabe doré. Ne t'effraie pas, Zoé; ce nom-là est facile à retenir : carabe, insecte carnassier, qui vit de chair, c'est-à-dire qui mange des insectes et tout ce qui n'est pas végétal ; c'est pourquoi on les dit amis du jardinier, dont ils ne dérangent jamais les travaux, et auxquels ils rendent service, au contraire, en faisant la guerre aux insectes qui sont si nuisibles aux plantes. Voyons, Zoé, tout joli, tout innocent qu'il est, gardons ce pauvre petit animal, mais tuons-le sans le faire souffrir le moins possible ; bien entendu, pour ces petits animaux, rien n'est plus facile. Voici un petit flaçon rempli d'esprit-de-vin (alcohol) ; je le précipite dedans, et il est presque aussitôt asphyxié par la force de la liqueur. L'esprit-de-vin est préférable à tout autre liquide, car il conserve les couleurs et les formes. Nous le piquerons ensuite, et nous l'attacherons dans un cadre que j'ai l'intention de vous donner.

ADOLPHE.

Oh ! cher papa, nous voilà arrivés aux bruyères, quel bonheur ! Tiens, repose-toi ici ; je vais courir avec Zoé après les papillons, et nous te rapporterons notre chasse.

M . DE LUÇON.

C'est cela, allez, mes enfants, ne vous éloignez

pas ; pendant ce temps, je disposerai la boîte de Zoé et les petites épingles au moyen desquelles nous devons fixer les papillons ou tous autres insectes que vous aurez attrapés : c'est le seul moyen de ne pas les gâter, et c'est pour cela que le fond de la boîte a été garni de bandes de liége.

Les enfants se mirent à courir çà et là , en sautant les fossés qui séparent les parts de chacun des habitants propriétaires aux bruyères de Sucy. Ces portions de terrain, diversement cultivées selon le caprice des possédants, donnent à cet ensemble de petits bois un aspect tout pittoresque. Adolphe et Zoé ; vivement excités par le désir de s'instruire et d'apprendre les nouveaux noms des papillons et des autres petits animaux dont ils pourraient s'emparer, eurent bientôt enveloppé dans leur lanet quelques lépidoptères plus ou moins rares, qu'ils s'empressèrent de porter à M. de Luçon, qui était heureux de voir leur bonheur, et surtout de remarquer dans ces jeunes têtes un désir véritable de s'instruire.

ADOLPHE.

Tiens, tiens, mon cher papa, regarde ; en voilà deux ou trois magnifiques que j'ai pris.

M. DE LUÇON.

En effet. Mais comment as-tu pu en avoir plusieurs? Il fallait les tuer de suite, en leur pressant doucement la poitrine, qui se nomme aussi : thorax c'est la partie qui se trouve après la tête et avant celle où se trouvent les intestins, c'est-à-dire l'abdomen. De cette façon, à défaut de boîte, tes papillons pris les premiers seraient restés au fond, et tu n'aurais pas couru le risque de les perdre, de les voir s'envoler, en poursuivant les autres. Comment as-tu donc fait?

ZOÉ.

Ah! voilà... nous avons aussi nos petites inventions nous deux, Adolphe et moi. Comme nous étions loin de toi, que nous ne voulions pas laisser échapper les premiers pris, et que nous n'avions ni assez de courage ni assez d'adresse pour les tuer tout doucement, comme tu dis, sans les gâter, je séparais, dans le fond du lanet, au moyen d'une épingle, ceux qui étaient tombés les premiers dans notre filet, et ainsi de suite, au fur et à mesure qu'ils nous arrivaient. Tu les vois, ils ne peuvent bouger. Ah! j'espère que nous avons eu de l'esprit à nous deux, n'est-ce pas, papa?

M. DE LUÇON.

C'est fort ingénieux, mais cela doit les serrer un peu lorsqu'ils se débattent. N'importe, l'idée n'est pas mauvaise ; nous ferons quelque chose de vous. Voyons votre chasse. Oh ! voilà le beau machaon à queue, un des plus beaux papillons des environs de Paris. Voyez ces ailes jaunes avec ces taches et ces raies noires. Les ailes inférieures sont prolongées en queue, et ont, près du bord postérieur, des taches bleues dont une, en forme d'œil, a des nuances rouges à l'angle. Eh bien ! avant d'être papillon, ce joli insecte a été une chenille verte avec des anneaux noirs ponctués de rouge ; pour vivre, il se traînait alors sur les carottes, le fenouil, dont il mange la feuille.

ZOÉ.

Comment ! tous ces papillons si jolis, si légers, ont été d'abord des chenilles souvent si laides et si lourdes ?

M. DE LUÇON.

Eh ! certainement, ma chère enfant (ainsi l'a voulu la nature ou le bon Dieu), ces charmants petits animaux, remarquables par l'élégance de leurs formes, l'éclat de leurs couleurs, qui ne le cèdent en rien aux fleurs elles-mêmes, sont, comme les autres insectes, assujettis à des métamorphoses bien curieuses à observer. Ils proviennent de larves appelées chenilles ; ces chenilles, arrivées au terme de leur croissance, se changent en chrysalides, espèce de petite poupée souvent en forme d'œuf, et composée de fils de soie souvent jaunes, d'où leur vient le nom de chrysalide, ou de couleur d'or; de là, après un temps plus ou moins long, l'animal sort à l'état parfait, c'est-à-dire papillon ; il quitte sa demeure et prend son vol.

ADOLPHE.

Que cela est intéressant, et que tu es bon de nous donner tous ces détails ! mais, puisque tu veux bien nous permettre de te faire des questions, dis-moi d'où viennent ces chenilles, ces larves, comme tu dis.

M. DE LUÇON.

C'est juste, il faut, mon ami, procéder par ordre, et prendre le commencement du monde avant le déluge. Tu es un garçon méthodique, et je t'en fais mon compliment. Tu as vu les œufs que pondent nos poules ; eh bien ! le point de départ est le même. La femelle du papillon dépose ses œufs sur la plante qui doit nourrir sa famille. Au moment où ils viennent d'être pondus, ils sont enduits d'une matière gluante qui ne peut se détruire dans l'eau, et qui sert à les fixer aux tiges ou aux feuilles des végétaux. Dans les espèces dont les chenilles vivent en famille, ainsi que vous en voyez réunies par centaines, en un seul peloton, sur une branche, la femelle dépose toute sa ponte à la même place ; quelquefois elle recouvre ses œufs avec le poil qui garnissait son abdomen, pour les préserver du froid et de l'humidité. Lorsque les chenilles sont destinées à vivre sur des arbres qui perdent leurs feuilles à l'automne, et que les œufs doivent passer l'hiver, la femelle, par une sage prévoyance, les dépose sur le tronc ou sur les rameaux, et elle le fait quelquefois avec une symétrie admirable : le papillon bombyx-livrée, par exemple, place les siens avec beaucoup d'art, en forme d'anneaux ou de spirales, autour des branches.

ZOÉ.

Mais puisque ces petits insectes sont si prudents, pourquoi ne cachent-ils pas mieux leurs œufs, qui peuvent geler pendant les grands froids ?

M. DE LUÇON.

C'est que la Providence, qui a tout prévu avec une prudence plus grande encore, a garni ces œufs d'une substance solide, et le germe de l'œuf résiste à cinquante degrés de froid, et que cette espèce de corne qui enveloppe le germe de la petite chenille n'est percée que par elle, lorsque le moment est venu, et coupée circulairement avec ses mâchoires, de manière que le dessus forme un couvercle, qu'elle n'a plus qu'à soulever pour sortir.

ADOLPHE.

C'est admirable cela : les mâchoires d'une chenille; je n'en reviens pas.

M. DE LUÇON.

Tu en verras bien d'autres... Leurs mâchoires ! Mais c'est leur seule arme, leur seule défense; car avant de devenir chrysalides, puis papillons, il faut bien qu'elles vivent, qu'elles mangent; puis on les voit changer de peau. C'est un moment qui n'est pas sans intérêt pour ceux qui aiment à observer ces phénomènes : la chenille est avertie par un instinct particulier de cette mue ou changement de peau; à mesure que l'instant approche, ses couleurs s'affaiblissent, deviennent ternes ou livides, l'ancienne peau se flétrit et se fend en dessus, le long du dos de l'animal. Alors, pour sortir de son enveloppe, la chenille dégage d'abord la partie antérieure de son corps, puis la partie postérieure. Cette opération, toute pénible qu'elle est, se termine souvent en moins d'une minute.

ZOÉ.

Et alors que deviennent-elles ? quand arrivent-elles à cet état que tu appelles chry... chrysalide ?

M. DE LUÇON.

Cela dépend de l'espèce : plusieurs sont si voraces qu'elle mangent tout, et avec une si grande voracité qu'en moins de quinze jours d'existence elles sont parvenues à leur entier développement ; d'autres ne deviennent chrysalides qu'au bout d'une année, après avoir passé l'hiver dans le plus parfait engourdissement. La chenille dite cossus-ronge-bois, ainsi appelée parce qu'elle perfore le bois dans tous les sens, vit trois ans avant de se changer en chrysalide ; mais c'est, en général, au printemps que toutes subissent cette métamorphose.

» Tiens, pendant que nous en parlons, en voilà justement une qui se tient attachée à la branche d'épine cueillie par ta sœur... Oh ! n'aie pas peur, Zoé: c'est l'animal le plus innocent du monde ; seulement il ne faut pas y toucher à cause des petits poils qui s'en détachent. On appelle celle-là processionaire. Voyez comme sa forme est alongée et cylindrique, c'est-à-dire ronde. Son corps se compose de douze anneaux, d'une tête luisante et écailleuse ; elle a dix pattes; plusieurs, les arpenteuses, par exemple, en ont jusqu'à seize. En la regardant de près, on remarque, entre plusieurs de ses anneaux, sur les côtés, près de neuf ouvertures en forme de boutonnière : c'est par-là que l'animal respire ; il en est de même du papillon et de tous les insectes.

ZOÉ.

J'ai bien envie de la garder, cette jolie petite chenille; nous pourrons suivre son changement de peau, sa métamorphose en chrysalide, et sa sortie de cette petite maison de soie, lorsqu'elle sera devenue papillon.

M. DE LUÇON.

Rien de plus facile : tu la mettras dans une boîte à laquelle on fait des ouvertures assez grandes pour que l'air puisse pénétrer, mais pas assez larges pour que l'animal puisse s'échapper. Remarque la feuille de la plante sur laquelle elle se trouve : c'est le moyen de lui choisir une nourriture qui lui convienne; seulement il faut avoir le soin de lui en fournir de fraîches tous les jours, et, dans quelque temps, tu verras tous les changements successifs que je viens de vous expliquer.

» Maintenant nous allons piquer sur le liége de

notre boîte les papillons que tu as pris, ceux qui en valent la peine seulement, et vous courrez en attraper d'autres. Nous reviendrons par un autre chemin, où j'ai quelque chose à vous montrer. »

M. de Luçon, qui ne voulait pas fatiguer trop, pour une première leçon, ces jeunes têtes intelligentes que le désir d'apprendre rendait si attentives à ses leçons, n'était pas fâché de les voir se délasser un peu en courant après tous les insectes ailés et autres qu'ils rencontraient sous leurs pas ; car ces aimables enfants, attirés par l'attrait de cette étude si nouvelle pour eux, ne laissaient pas passer le moindre petit animal sans chercher à le prendre avec le lanet, et même de le prendre avec la main lorsqu'ils en avaient le courage, puis il l'apportaient au bon père, dont les explications claires et précises les enchantaient. On arriva ainsi, en traversant les bruyères de gauche à droite, à l'extrémité d'un petit bois qui les prolonge et conduit insensiblement vers la route de Boissy. Adolphe courait, depuis un quart-d'heure au moins, après un papillon magnifique, qui lui échappait toujours ; il traversa le chemin, et étourdiment il mit le pied dans une immense fourmilière à l'instant où il prenait enfin son papillon. M. de Luçon, qui les avait amenés de ce côté avec intention, et qui avait vu la direction de la course de son fils, accourut sur ses pas en s'écriant :

M. DE LUÇON.

Adolphe, prends donc garde ; tu bouleverses avec tes pieds la magnifique fourmilière que je voulais vous montrer. Ote-toi de là ; secoue-toi un peu : les fourmis montent après tes jambes.

(S'éloignant avec précipitation de la fourmilière).

ADOLPHE.

Oh ! mon Dieu, oui ! je n'avais pas vu ; j'étais si animé dans ma course contre ce papillon, que je tiens enfin !

M. DE LUÇON.

Vois, Zoé, comme il a dérangé tous les travaux de ces pauvres fourmis ; tu vois qu'elles travaillent sans cesse. Remarquez celles qui arrivent vers la fourmilière, toutes traînant avec elles quelques fardeaux pour former les divers compartiments de l'habitation, ou pour nourrir celles qui y ont fixé leur demeure.

ZOÉ.

Je t'en prie, mon cher papa, dis-nous ce que font toutes ces fourmis. Pourquoi paraissent-elles ainsi agitées ?

M. DE LUÇON.

Agitées ! il y a bien de quoi : le pied de ton frère

a détruit d'un seul coup une centaine de petites cellules. On pourrait se tourmenter à moins : c'est pour elles un véritable tremblement de terre. Et c'est dommage, car celles-ci, du moins, au milieu du bois de Niple, ne font de mal à personne ; elles ne sont pas, comme celles de nos habitations et de nos jardins, à portée d'attaquer nos viandes et nos sucreries, en leur communiquant une odeur de musc fort désagréable.

» Celles-ci vivent en société. Chaque espèce est de trois sortes : les mâles et les femelles, qui ont des ailes longues, et les neutres, que vous voyez courir çà et là. Ces dernières, sont privées d'ailes, et ne sont ni mâles ni femelles. Les mâles et les femelles quittent l'habitation aussitôt qu'ils ont acquis leurs ailes. Les mâles, très-inférieurs par la taille aux femelles, ont la tête plus petite et les yeux plus gros. Ces insectes se recherchent au milieu des airs, où ils forment des essaims nombreux, et périssent bientôt après, sans rentrer dans leur ancien domicile, où leur présence n'est plus nécessaire. Les femelles propres à donner des œufs s'éloignent de leur berceau, et, après avoir détaché leurs ailes au moyen de leurs pattes, fondent un nouvel établissement. Quelques-unes cependant, parmi celles qui se trouvent aux environs de la fourmilière, sont retenues par les neutres, qui les ramènent dans l'habitation, les empêchent de sortir, leur arrachent les ailes, et les contraignent d'y faire leur ponte ; mais les chassent aussitôt que les œufs ont été déposés.

» Les neutres sont donc seuls chargés des travaux relatifs à l'habitation et à l'éducation des petits. La nature et la forme des nids ou fourmilières varient selon l'instinct particulier des espèces. Elles les établissent plus généralement dans la terre. L'habitation des unes est entièrement cachée sous la terre ; d'autres s'emparent de fragments de matières végétales qu'elles rencontrent, et élèvent au-dessus du terrain où elles sont établies des monticules coniques ou en forme de dôme. On en connaît qui ont pour domicile habituel le tronc des vieux arbres, dont elles percent l'intérieur en tous sens et en forme de labyrinthe ; elles tirent partie de la sciure : elles en forment diverses routes ou galeries qui, quoique irrégulières en apparence, conduisent au séjour spécial de la race future, dont les neutres ont tant de soins.

» Les neutres, dont je ne peux me lasser de vous faire connaître l'instinct admirable, paraissent s'instruire par le toucher et par l'odorat de l'heureux succès de leur sollicitude ; ils s'encouragent et s'aident mutuellement ; ils apportent des fruits, des insectes, des cadavres de quadrupèdes et d'oiseaux de petite taille, qui leur servent de nourriture. Les neutres donnent la becquée aux larves de fourmis, les transportent, quand il fait beau, à la superficie extérieure de leur habitation pour les réchauffer au soleil, les redescendent plus bas aux approches de la nuit ou du mauvais temps, les défendent contre les attaques de leurs ennemis, et veillent avec le plus grand soin à leur conservation. Aussi vous avez vu leur agitation extrême lorsque Adolphe a mis le pied au milieu de leur habitation, dont il a dérangé toute l'économie. Ils ont la même attention pour les nymphes ou chrysalides, dont les unes sont renfermées dans une coque, et les autres à nu. Ils déchirent l'enveloppe lorsque le temps de leur dernière métamorphose est arrivé, afin de leur ôter la peine de l'ouvrir elles-mêmes.

» Tenez, regardez ce que je vais faire en creusant avec ce bâton jusqu'au fond de l'habitation ; voyez quelle révolution je cause dans la petite république. Ces œufs de forme longue, ce sont les larves de fourmis. Les jeunes faisans sont très-friands de ces œufs... Demain, tout ce que je viens de déranger, de détruire, sera reparé.

» Une chose bien extraordinaire que j'ai remarquée avec étonnement, mais dont je suis sûr, parce que je l'ai vue, c'est qu'il existe une race de fourmis roussâtre, dite amazone, que l'on nomme également sanguine, dont les neutres, ne pouvant suffire au service et à la garde de la fourmilière, vont chercher au loin des auxiliaires de différentes espèces, que l'on désigne sous le nom de noir cendré mineuse. Vers le soir, les fourmis amazones quittent leur nid, s'avancent sur une colonne serrée, comme un régiment, et se dirigent vers la fourmilière qu'elles veulent spolier ; elles y pénètrent malgré l'opposition des propriétaires, saisissent avec leur mâchoires ou mandibules les larves et les nymphes des fourmis neutres, et les transportent malgré elles, en suivant le même ordre, dans leurs habitations, et alors elles en prennent le même soin que des jeunes fourmis de leur espèce.

ZOÉ.

Mais, mon cher papa, ces petites bêtes, si intelligentes entre elles, à quoi peuvent-elles nous servir à nous ?

M. DE LUÇON.

La nature n'a rien fait d'inutile ; en observant bien chaque race, chaque espèce d'animaux, on ne peut s'empêcher de reconnaître que l'homme tire profit de tous, soit pendant leur vie, soit après leur mort. Tout ce que je sais des fourmis, c'est qu'elles détruisent un grand nombre de pucerons incommodes, et qu'elles sont très-friandes d'une liqueur sucrée dont sont enduits les corps de ces pucerons. Plusieurs espèces de fourmis les enlèvent et les tiennent enfermés au fond de leur nid; pendant la mauvaise saison, elles s'en disputent entre elles la possession.

ADOLPHE.

Comme elles s'agitent depuis le moment où je les ai remuées ! elles doivent être bien furieuses de se voir ainsi interrompues dans leurs travaux.

M. DE LUÇON.

Effectivement, et c'est le moment de profiter de cette petite colère qu'elles éprouvent, et pendant laquelle elles lancent un acide particulier qui est contenu dans des glandes placées vers l'anus, pour en observer la propriété. Zoé, présente la fleur bleu de mauve que tu tiens, elle va devenir rouge par le seul contact de cet acide, et ce morceau de sucre que j'avais dans ma poche, que je place au milieu des fourmis que je tourmente encore avec cette baguette, va prendre un goût de citron ou de vinaigre radical qu'on appelle acide acétique-concentré : la saveur en est fort agréable ; voyez, goûtez-en... Oh ! ne fais pas la grimace, Zoé : lorsque tu en auras mangé une fois, tu voudras en avoir toujours ; d'ailleurs je t'affirme que c'est bon, et que cela ne peut faire aucun mal, tu peux m'en croire. Les enfants ignorants et mal élevés sont les seuls qui refusent de faire ces essais instructifs lorsque leurs parents les y invitent.

Les enfants, enchantés de cette découverte dans laquelle leur petite gourmandise trouvait aussi son compte, s'en allèrent charmés, se promettant bien d'y revenir une autre fois avec de bons morceaux de sucre, dont le goût ainsi acidulé était si agréable pendant la chaleur.

DEUXIÈME LEÇON.

Adolphe et Zoé, fatigués d'une si longue course, rentrèrent à la maison bienheureux de leur journée. Cette première leçon d'histoire naturelle laissait beaucoup à désirer à leur jeune imagination ardente et ambitieuse d'apprendre. M. de Luçon, qui, de son côté, comprenait que sa description imparfaite des quelques insectes dont il s'était occupé avec eux ne pouvait les satisfaire complètement, se proposait bien aussi d'achever cette leçon dans son cabinet, lorsque les enfants se seraient reposés.

Le dîner fut fort gai. Adolphe n'avait plus dans la tête que les insectes et leurs noms, il disait qu'il était, lui, un carabe, attendu qu'il mangeait de la viande, de la chair, qu'il était carnassier... Zoé les amusait en cherchant à prononcer les mots techniques lépidoptère, chrysalyde, acide acétique, acide formique, et autres expressions qu'elle écorchait, à la grande joie d'Adolphe, ce petit savant, que les premiers éléments de la langue latine, qu'il commençait alors, rendaient un peu plus apte que sa sœur à se familiariser avec les mots de l'entomologie, souvent dérivés du latin, lorsqu'ils ne le sont pas du grec. M. de Luçon profita de l'occasion pour commencer.

M. DE LUÇON.

Voyons, M. le latiniste, toi qui es si fort sur ces noms, dis-nous un peu pourquoi on appelle tous ces petits animaux insectes.

ADOLPHE (se grattant l'oreille et regardant au plafond).

Insecte, *insectus, insecta, insectum*.... Je ne me souviens pas, mon cher papa.

M. DE LUÇON.

Dis plutôt que tu ne l'as jamais su, mon pauvre garçon. Cela viendra plus tard. Toutes ces petites bêtes que nous avons vues, et que vous avez rapportées, s'appellent insectes, du mot latin *insectum*, coupé, ou mieux *intersectum*, entrecoupé, parce qu'ils sont effectivement séparés, entrecoupés, divisés en trois parties principales, et tous le sont de même, d'une manière plus ou moins visible à l'œil nu, c'est-à-dire vus sans loupe ni microscope. Venez dans mon cabinet, où j'ai depuis long-temps des papillons et d'autres insectes classés par famille, par ordre de race ; je veux vous les donner aujourd'hui, afin qu'ils vous servent de modèle pour les collections que vous allez faire vous-mêmes.

Tenez, prenez le premier venu, ce papillon, par exemple : c'est la vanesse-vulcain, avec ses ailes un peu anguleuses, raboteuses, le dessus noir, traversé par une bande d'un brun rouge, avec des taches blanches sur les ailes supérieures, marbrées agréablement de diverses couleurs. Ce papillon est si familier qu'il est venu se poser sur mon chapeau, où je l'ai pris. Eh bien ! vous le voyez, il a le corps divisé, comme tous les autres insectes, en trois parties : 1º la tête, offrant deux antennes ou cornes : c'est là que le sens du toucher est placé ; deux yeux, presque toujours composés, c'est-à-dire à facettes à lentilles diverses, et une bouche de forme très-variable; 2º un tronc ou poitrine, appelée thorax, ayant toujours six pattes articulées au-dessous, et souvent quatre ailes au-dessus ; 3º et enfin le ventre ou abdomen : c'est là que sont con-

tenus les intestins; il est recouvert d'un nombre va-
riable d'anneaux.

» Je vous ferai voir au microscope les yeux de ces
papillons, composés d'innombrables petites facettes
bordées de poils qui remplissent les fonctions de
paupières et dont la couleur varie; ils sont, par
exemple, d'un vert brillant dans le sphinx, papillon
nocturne que vous connaissez; rougeâtres chez
plusieurs autres.

» Tenez, voyez avec ma loupe la bouche de ce papillon : voyez-vous quatre pièces, qui ont quelques
rapports avec les antennes? On leur donne le nom de
palpes, dont deux maxillaires et deux labiaux ou lèvres. Entre ces organes est placée la trompe à l'aide de
laquelle les papillons pompent le nectar des fleurs.

» Rien de plus joli, de plus léger que leur ailes ;
elles sont attachées à la partie latérale supérieure de
la poitrine, que Zoé ne peut pas appeler thorax ; il
y en a quatre, à quelques exceptions près. Chacune de ces ailes, considérée à part, consiste en deux
lames membraneuses intimement unies et comme
collées, et divisées en plusieurs parties distinctes par
des filets cornés, appelés nervures ; les faces de ces
lames, qui forment les ailes, sont recouvertes de cette
poussière farineuse, que je vous ai déjà expliqué
être des écailles de mille couleurs.

» Pour en finir avec cette petite bête si jolie, parlons de ses six pattes, composées, comme dans tous les

autrès insectes, de cinq parties : la hanche, le trochanter, au-dessus de la cuisse ; la cuisse, la jambe
et le tarse, c'est-à-dire le pied. Ce dernier a toujours
cinq articles distincts, sans compter les crochets qui
le terminent.

ZOÉ.

Comment, ces petits insectes ont tant de membres
composés comme nous ! mais vraiment cela est admirable.

M. DE LUÇON.

Ils sont, à leur manière, plus compliqués que
nous, et ils possèdent des sens plus parfaits que les
vertébrés.

ADOLPHE.

Qu'est-ce que cela, vertébré, mon cher papa?

M. DE LUÇON.

On appelle vertébrés les hommes ou mammifères, les oiseaux, les reptiles, les poissons, enfin
tous les animaux qui ont des os, un squelette, et
invertébrés, les insectes, qui n'en ont pas. Nous re-

viendrons là-dessus lorsque nous nous occuperons de quelques autres animaux supérieurs.

ZOÉ.

Tu disais, mon papa, que les insectes, les papillons, par exemple, avaient des sens plus parfaits que d'autres animaux.

M. DE LUÇON.

Oui, les insectes en général, les papillons et diverses mouches ont l'odorat tellement sensible qu'ils peuvent percevoir à une distance de deux lieues.

ZOÉ.

C'est incroyable.

M. DE LUÇON.

Cela est positif pourtant. On en voit qui, au lieu de se contenter du miel des fleurs qu'ils pompent avec leur trompe, s'éloignent de nos jardins pour aller sucer, chose horrible à dire, les excréments de différents animaux et même les charognes, qu'ils sentent à une grande distance. D'autres préfèrent les

liquides sécrétés par les plaies des arbres ; d'autres
enfin vont sur les bords des ruisseaux ou des chemins fangeux , et pompent la terre humide, comme
pour se désaltérer.

ZOÉ.

Ah ! les vilains sales ! Moi qui croyais qu'ils n'aimaient que le miel des fleurs , me voilà bien désen-
chantée. Je leur pardonnais ces mauvais goûts lorsqu'ils étaient chenilles ; mais , après avoir été chrysali
des, engourdis, sans boire ni manger, pendant si long-
temps dans leur petite boîte de soie , je croyais qu'ils
avaient oublié ces vilaines nourritures pour ne plus
penser qu'à nos fleurs.

M. DE LUÇON.

Chaque animal a ses goûts, ses instincts, la des-
tination que la Providence lui a donnée ; il ne peut
échapper au sort qui lui est réservé, et pourtant ton
observation est juste : après avoir passé à l'état de
chrysalide, le véritable tombeau de la chenille, le
papillon aurait dû, heureux d'entrer dans une existence si belle au milieu des fleurs, mépriser la
nourriture commune aux animaux qui rampent
sur la terre, lui, l'élégant et léger habitant des
airs.

ADOLPHE.

Mais à l'état de chrysalide, la chenille n'est pas morte.

M. DE LUÇON.

Non, mais elle n'en vaut guère mieux, car elle ne sera plus chenille, car elle a cessé de manger, comme à l'approche de sa première mue ; elle s'est raccourcie, décolorée ; elle s'est dépouillée de sa peau, s'est entortillée de soie. Elle ressemble alors à une momie entourée de bandelettes, ou à un enfant emmailloté : c'est pour cette raison que plusieurs naturalistes ont donné aux chrysalides le nom de poupées. C'est donc un être qui respire à peine ; il est dépourvu de tous les organes, et il reste immobile ; cependant, en regardant bien au travers de cette coque de soie, on aperçoit un commencement de la forme du papillon.

ADOLPHE.

Tu nous as dit que le mot chrysalide veut dire couleur d'or, jaune d'or ; est-ce que toutes les poupées sont jaune d'or ?

M. DE LUÇON.

Non, mon ami ; le plus grand nombre est jaune ou à peu près, mais il y a une grande variété de formes et de couleurs. La chrysalide du papillon de nuit est brune, quelquefois rougeâtre ; celle du papillon de jour est de couleur plus claire, plus brillante, souvent d'un vert jaunâtre, quelquefois blanche et grise, émaillée de noir, ou parsemée de points d'or ou jaune doré : de là vient, par extension, le mot chrysalide, donné par les naturalistes à la nymphe de tous les lépidoptères.

ZOÉ.

Ces pauvres papillons doivent bien être étonnés lorsqu'ils sortent de leur enveloppe, qui les tenait si serrés.

M. DE LUÇON.

Sans doute, mais cela ne dure pas long-temps. En sortant de la chrysalide, le papillon est très-faible, toutes ses parties sont molles, sans consistance, et imprégnées d'humidité. Ses ailes sont pendantes, très-courtes, et offrent en petit tout le dessin qu'elles vont avoir un instant plus tard. Bientôt il se fixe contre une tige ou aux parois de sa coque qu'il vient de quitter ; il étend successivement tous ses organes, en imprimant de temps en temps un léger frémissement à ses ailes. Celles-ci croissent à vue d'œil, se développent en tous sens, et poussent, pour ainsi dire, comme la feuille de l'arbre ; lorsqu'elles ont acquis leur ampleur naturelle, il les relève et les abaisse successivement pour achever la vaporisation du liquide dont elles sont encore imprégnées , et, le plus ordinairement , en moins d'une demi-heure il peut s'élever dans les airs et s'occuper de pourvoir à ses besoins.

ZOÉ.

Vit-il long-temps ainsi ?

M. DE LUÇON.

Quelques mois seulement ; et plusieurs même ne vivent que pendant quelques semaines. Le mâle meurt d'abord , puis la femelle aussitôt que ses œufs sont déposés , et qu'elle les a disposés de manière qu'ils puissent arriver à terme. La sollicitude des femelles est admirable à cet égard.

» Maintenant, mes chers enfants, si vous voulez venir avec moi jusqu'à la mare qui se trouve sur le chemin conduisant au Piple, je vous montrerai divers insectes aquatiques qui méritent de fixer toute votre attention.»

Les enfants ne se le firent pas dire deux fois : ils n'étaient pas comme les enfants indolents et paresseux, que l'aridité d'une première leçon fatigue et décourage; excités, au contraire, par l'attrait que leur avait offert le commencement d'une science si nouvelle pour eux, ils avaient le plus grand désir d'entendre encore leur excellent père leur expliquer toutes ces merveilles, et ils furent bientôt arrivés au bord de cette mare, que les eaux pluviales avaient entretenue, malgré la chaleur, déjà très-ardente, de l'été. Adolphe fut le premier à s'écrier :

—Ah! viens donc, papa. Vois tous ces petits points rouges et ces autres petites bêtes brunes qui remuent sur l'eau : c'est comme un nuage.

M. DE LUÇON.

Le nombre en est vraiment considérable. Les larves rouges sont celles des tipules ; les brunes sont celles des cousins.

ZOÉ.

Les cousins ! ces vilaines petites mouches à grandes pattes qui nous piquent si fort lorsque nous avons l'imprudence de rester le soir assis dans le jardin ! Il faut les tuer tous.

3.

M. DE LUÇON.

Ne te donne pas cette fatigue : en voilà quelques milliers , sans doute ; mais c'est si peu, dans le nombre , que cela n'en vaut pas la peine. Regardez plutôt avec quelle attention la femelle du cousin a déposé ses œufs à la surface de l'eau ; elle les a rangés les uns à côté des autres , dans une direction perpendiculaire, comme un jeu de quilles ; la masse qu'ils forment par leur réunion représente un petit bateau. Chaque femelle pond environ trois cents œufs par année. Ces insectes résistent souvent aux plus grands froids. On les voit souvent, en hiver, se rassembler en troupes nombreuses au milieu des airs , où ils forment une sorte de danse. C'est surtout dans les eaux croupies des étangs et des mares, comme celle-ci , qu'on voir fourmiller toutes ces larves ?

ADOLPHE.

Mais n'y a-t-il pas un moyen de se garantir contre leur piqûre.

M. DE LUÇON.

En ne sortant qu'avec des gants, et en les chassant lorsqu'ils veulent se fixer sur nos vêtements, qui ne peuvent pas toujours nous préserver de leur atteinte.

C'est le soir surtout qu'ils nous attaquent ; ils aiment beaucoup à sucer notre sang. Leur suçoir est armé de soies très-fines et dentelées qu'ils enfoncent dans notre chair ; le fourreau de cette arme se replie et forme un coude ; ils distillent dans la plaie une liqueur venimeuse. L'ammoniaque, le sel et le vinaigre détruisent ce venin. Les femelles seules sont armées de ce dard ; le mâle est inoffensif.

ZOÉ.

J'en ai bien peur ; mais puisqu'il existe un remède contre cette piqûre, j'en userai à l'avenir, et cela me rassure un peu.

M. DE LUÇON.

Oui, de l'ammoniaque, c'est préférable à tout autre moyen, à moins de faire comme les Américains, qui se garantissent des atteintes, bien autrement dangereuses, des moustiques, espèce de cousin beaucoup plus gros, en garnissant leurs lits d'une gaze appelée cousinière, ou comme les Lapons, qui les éloignent en faisant de grands feux autour d'eux, ou en se graissant avec de l'huile toutes les parties du corps exposées à l'air.

ADOLPHE.

Ainsi ces cousins, ces tipules, que je vois comme

de petits points rouges et bruns, et qui se remuent si vite dans la mare, sont les œufs ou les larves, comme la chenille est la première forme du papillon au sortir de l'œuf. Ai-je bien compris ?

M. DE LUÇON.

Oui, à merveille. Les œufs sont déposés par la femelle, qui en pond trois cents environ par année ; puis les larves paraissent après avoir subi quelques mues ; elles se transforment en nymphes, qui continuent de se mouvoir par le moyen d'une espèce de queue et de deux nageoires ; elles se trouvent ainsi à la surface de l'eau, mais dans une situation différente de celle de la larve. Alors l'insecte parfait se développe. Rien de plus curieux que de le voir sortir de la nymphe qui lui sert de bateau et de point d'appui. Il se dégage avec adresse ; car s'il mouillait ses ailes, il serait perdu, submergé. Il repousse avec ses grandes pattes son navire ou sa coque, et s'envole !

ADOLPHE.

Le scélérat ! pour venir nous piquer avec son dard. Que ne se noie-t-il tout de suite pour nous débarrasser de lui !

M. DE LUÇON.

Si toute créature a ses moyens de défense, c'est

à nous de nous tenir sur nos gardes. Au reste , s'ils nous piquent, à leur tour ils sont maltraités ; ils sont eux-mêmes dévorés par d'autres animaux.

ZOÉ.

Tiens, papa, regarde là, à deux pas de moi, cette vilaine bête qui nage et semble poursuivre d'autres petits animaux.

M. DE LUÇON.

Elle est brune, n'est-ce pas? Oui, je la vois. C'est l'hydrophile : c'est un coléoptère, ce qui veut dire aux ailes supérieures coriaces et cornées. Il marche mal, mais il nage et vole parfaitement. Ne cherchez pas à le prendre autrement qu'avec un filet; car il a une pointe à la partie antérieure de la poitrine qui peut blesser. Sa larve vit aussi dans l'eau; elle est rougeâtre; elle se renverse en arrière, et, ainsi placée, comme à l'affût , elle saisit les petits coquillages, les brise, et dévore l'animal qu'ils renferment. Regardez plus loin : voici le dytique bordé ; c'est encore un carnassier; il a une bordure jaune autour du corselet; il nage bien. Si nous avions un filet, nous l'aurions pris. Placé dans un bocal, il est sensible au changement de l'atmosphère, et peut servir de baromètre, par la hauteur à laquelle il se tient dans le bocal. Un naturaliste en a conservé un pendant plus de trois années ; il le nourrissait de bœuf cru, dont il suçait le sang jusqu'à la dernière goutte.

ADOLPHE.

J'en vois bien d'autres encore, qui nagent et volent autour de nous.

M. DE LUÇON.

Il serait trop long de vous décrire tous les animaux qui habitent cette mare, et qui y trouvent leur nourriture ; toutes les eaux stagnantes sont dans ce cas. En voici qui ressemblent à des punaises : c'est la notonecte. Elle nage sur le dos pour mieux saisir sa proie. Cette autre, d'un brun verdâtre, s'appelle la corise striée. Tu vois comme elle est suspendue à la surface de l'eau ; au moindre bruit, elle se précipite au fond avec une grande célérité.

» Celle-ci, qui a le corps linéaire, très-long, cylindrique, dirigé en avant, d'un brun uniforme, avec les jambes alongées et grêles, est nommé la ranatre linéaire. Enfin, sur différents points de la surface de l'eau de la mare, vous voyez des insectes, assemblés en troupe, nager ou courir avec une extrême agilité, faire des tours et des détours circulaires, obliques et dans toutes les directions, et paraissant, par l'effet de la lumière, comme des points brillants :

C'est le gyrin-nageur, petit coléoptère connu sous le nom vulgaire de puce aquatique ou tourniquet. Il est ovale et très-leste, luisant, d'un noir bronzé; quelquefois il se repose sans donner le moindre signe de vie, puis tout-à-coup, pour peu qu'on en approche, il fuit, plonge et disparaît avec la plus grande rapidité.

»Allons, mes enfants, rentrons, il se fait tard; l'humidité est malsaine le soir, surtout au bord d'une mare aussi fangeuse. J'aurais voulu vous parler également des grenouilles et des crapauds qui s'y trouvent, mais ce sera pour une autre fois. »

Adolphe et Zoé obéirent à regret, car cette journée si instructive finissait trop vite pour eux; leur curiosité ainsi excitée par ces descriptions si amusantes, ils n'en devinrent que plus désireux de s'instruire.

TROISIÈME LEÇON.

———◆———

Le lendemain d'une journée passée si agréablement, les enfants furent levés de grand matin. Le petit jardin attenant à leur habitation fut par eux exploré dans tous les sens. Il leur tardait de découvrir quelques nouveaux insectes, et surtout de savoir leur véritable nom ; car désormais ils dédaignaient d'appeler des papillons par ce nom vulgaire : c'étaient pour eux désormais des lépidoptères, c'est-à-dire des animaux à ailes garnies d'écailles, ce qui était bien plus distingué et beaucoup plus savant ; puis Adolphe sa-

vait que les piqûres de la plupart des insectes à
dard venimeux se guérissent au moyen de quelques gouttes d'ammoniaque : aussi le petit flaçon
que son papa lui avait confié ne le quittait plus,
et il lui tardait presque d'être piqué pour essayer
de ce remède souverain. Peu s'en fallut qu'il ne
se procurât ce plaisir, ou plutôt cette douleur; car
une guêpe, qu'il prit imprudemment sur une fleur
du jardin, et qu'il tint, heureusement pour lui,
par le dos, faillit l'attraper au doigt avec son aiguillon, dont la blessure est des plus douloureuses. Ce
que la bonne Zoé voyant, elle s'écria avec effroi :

— Mais prends donc garde, Adolphe : vois donc
son aiguillon, comme elle le lance à droite et à
gauche.

ADOLPHE.

Je le vois bien ; mais je la tiens ferme, et puis,
tiens, je la serre doucement à lui casser les os.

ZOÉ.

Oh ! les os ! Tu es bon avec tes os. Ne te souviens-
tu pas que les insectes n'en ont pas, et qu'il n'y a
que les... tu sais, les animaux comme nous, qui
en ont?

ADOLPHE.

Tu veux m'apprendre cela, ma petite, et tu ne

sais pas seulement te souvenir des noms : ce sont les
vertébrés, ma chère, qui ont des os, un squelette.
Je sais cela mieux que toi, et si j'ai dit les os, c'est
une manière de parler. Casser les os à quelqu'un,
c'est lui rompre le cou, le tuer, et tu vois, ma guêpe
ne peut plus respirer ; je lui ai si bien serré le corselet ou thorax (ce qui veut dire poitrine) qu'elle
ne bouge plus. Tiens, tu vois, elle est morte. Allons
voir papa ; il va nous dire le véritable nom de cette
mouche, de cette guêpe que je ne veux plus appeler
ainsi.

Les enfants coururent, en effet, embrasser leur
papa et lui montrer leur guêpe.

M. DE LUÇON.

Voilà une belle guêpe, mon cher Adolphe, et tu as
bien fait de la tuer avec précaution ; car son aiguillon
est très-fort et venimeux. Celle-ci est la guêpe commune. Ces insectes sont de la famille des diploptères,
c'est-à-dire à ailes plissées. Tu vois, elle est longue
de huit lignes environ ; le devant de la tête est jaune,
avec un point noir au milieu ; elle aussi plusieurs taches noires sur le corselet, une bande avec
trois points noirs au bord postérieur des anneaux.
Ces guêpes vivent en société temporaire ; les femelles et les neutres, c'est-à-dire ceux de ces insectes
qui ne sont ni mâles ni femelles ; sont seules armées

d'aiguillon. Lorsqu'ils sont réunis en société nombreuse, composée de mâles, de femelles et de mulets ou neutres, les individus des deux dernières espèces font, avec des parcelles de vieux bois ou d'écorce, qu'ils détachent avec leurs mandibules, et qu'ils divisent en les délayant en forme de pâte de la nature du papier ou du carton, des gâteaux ou rayons, ordinairement placés horizontalement les uns à côté des autres. Les cellules servent uniquement à loger, d'une manière isolée, les larves et les nymphes des guêpes : c'est une espèce de ruche qui a la forme appropriée à l'endroit qui les contient, avec une entrée unique qui conduit à toutes ces cellules.

Les femelles commencent seules le guêpier, et pondent les œufs d'où sortent les mulets ou guêpes travailleuses, ainsi que le sont ces fourmis neutres dont nous parlions hier ; ce sont ces mulets qui aident à grandir le guêpier, à le perfectionner, ainsi qu'à élever les petits qui éclosent ensuite. Leur société n'est, jusqu'au commencement de l'automne, composée seulement que de ces deux sortes de guêpes, les femelles et les mulets ; à cette époque paraissent les jeunes mâles et les jeunes femelles ; toutes les larves et les nymphes qui ne peuvent subir leur dernière métamorphose avant le mois de novembre sont mises à mort et arrachées de leurs cellules par les mulets, comme inutiles à la république. Eux-mêmes périssent bientôt avec les mâles au retour de la mauvaise saison. Quelques femelles survivent et deviennent, au printemps, les fondatrices d'une nouvelle colonie.

ZOÉ.

Mais les mâles sont donc bien paresseux?

M. DE LUÇON.

Ils se contentent d'être les pères de cette petite république, et ne travaillent jamais.

ADOLPHE.

Est-ce que les guêpes ne mangent que le miel des fleurs?

M. DE LUÇON.

Non, mon enfant; car elles préfèrent les fruits et les viandes, et c'est avec l'extrait de ces substances qu'elles nourrissent les larves.

ZOÉ.

Les larves sont-elles emmaillotées comme les chenilles avant de devenir papillon?

M. DE LUÇON.

A peu près. En raison de la situation inférieure de l'ouverture de leurs cellules, elles se tiennent le corps renversé, ou la tête en bas ; ainsi enfermées, elles se font une coque lorsqu'elles vont passer à l'état de nymphes.

ZOÉ.

Mais celle-ci, que tu appelles commune, ne me paraît pas si grosse que celles que nous avons rencontrées quelquefois dans le jardin.

M. DE LUÇON.

Celle dont tu parles est la guêpe frelon ; elle est plus longue que celle-ci ; elle a la couleur fauve avec le devant jaune, le thorax noir, des taches de couleur fauve aussi, des anneaux à l'abdomen d'un brun noirâtre, avec une bande jaune, marquée de deux points noirs au bord postérieur; elle fait son nid dans les lieux abrités, comme dans les greniers, les trous de murs et dans les troncs d'arbres. Ce nid est arrondi, composé d'une espèce de papier grossier et de couleur feuille-morte. Cette espèce dévore les autres insectes, et particulièrement les abeilles, dont elle vole aussi le miel. Sa piqûre est très-douloureuse.

ADOLPHE.

Alors il n'y a que ces deux espèces de guêpes, guêpes communes et guêpes frelons; ce qu'on appelle de la famille des diploptères ou à ailes plissées, c'est entendu.

M. DE LUÇON.

Oh, oh ! mon petit savant, puisque tu te souviens si bien, il ne faut pas que j'oublie qu'il y a encore une autre espèce de guêpe, dites des arbustes, qui place son guêpier sur les arbres et les chaumes, et que ce petit guêpier a la forme d'un bouquet étagé, composé de vingt à trente cellules, dont les cavités sont plus petites.

ADOLPHE.

C'est égal, tout intéressantes qu'elles sont, ces guêpes sont de vilaines bêtes avec leur dard; j'aime mieux les bourdons.

M. DE LUÇON.

Que dis-tu là ? Les bourdons que tu aimes, parce que je t'ai appris à t'emparer du miel qu'ils amassent dans une petite poche, sont également armés d'un dard non moins dangereux que celui des guêpes frelons; il ne faut pas s'y fier.

ADOLPHE.

Je le sais bien; mais je sais les tuer sans m'exposer ; d'ailleurs les mâles, qui sont plus petits, ne sont pas dangereux ; je sais déjà cela. Mais, mon cher papa, n'ont-ils pas un autre nom ?

M. DE LUÇON.

A la bonne heure; voilà une question digne d'un jeune entomologiste qui veut s'instruire. Tu n'es pas comme cette pauvre Zoé, qui a peur de tous ces noms-là.

ZOÉ.

Mon Dieu, je n'ai peur que d'une chose, c'est de les oublier ; car je sens bien qu'ils ont été donnés à tous ces insectes pour en faciliter la classification. Je m'y habituerai.

M. DE LUÇON.

C'est bien, ma chère enfant ; dans quelques jours, tu seras aussi habile que moi à les prononcer, et ils viendront tout naturellement à ta mémoire, justement parce que rien n'est plus commode pour les classer par ordre. Ainsi ces bourdons sont de la famille des hyménoptères : ce sont, comme les abeilles et les guêpes, des mellifères. Par ce moyen, on les arrange de suite à la place qui leur convient, et on ne les confond plus avec d'autres diptères à deux ailes, qui n'ont pas les mêmes mœurs. Ces bombyx ou bourdons vivent aussi en société ; ils ont aussi des ruches souterraines, arrangées avec une grande intelligence. Les femelles et les mulets s'occupent également de l'intérieur, comme chez les guêpes ; mais ces ouvrières, ces neutres, sont quelquefois infidèles ; elles sont très-friandes des œufs que la femelle pond, et souvent, en leur absence, elles en-tr'ouvrent les cellules où ces œufs sont renfermés, pour en sucer la matière laiteuse ; fait bien extraordinaire, puisqu'il semble démentir l'attachement si connu des neutres pour le germe de la race dont elles sont ordinairement les fidèles gardiennes.

ZOÉ.

Il y a de mauvaises natures partout ; mais c'est, sans doute, une exception. Il y a-t-il beaucoup d'espèces de ces bourdons ou bombyx ? Tu vois que j'ai retenu le nom.

M. DE LUÇON.

Parfaitement. Je n'en décrirai que trois espèces : le bourdon des pierres, dont la femelle est noire, avec le bas de l'abdomen rougeâtre et les ailes incolores, ou sans couleur : le mâle a le devant de la tête et les extrémités du thorax jaunes et l'anus rougeâtre ; le bourdon des jardins, dont les extrémités sont jaunes, et enfin le bourdon souterrain, noir, dont le corselet est jaune sur le devant, et l'anus blanc. Mais il y en a beaucoup d'autres.

» Maintenant, mes enfants, vous allez reprendre aujourd'hui vos leçons ordinaires': toi, Adolphe, ton latin, et toi, Zoé, ton piano, et tous deux vos autres devoirs, orthographe, géographie, etc. ; car ce n'es pas tout que de se livrer aux sciences naturelles, il faut d'abord savoir parler et écrire, et ne considérer nos promenades et l'étude amusante des animaux que comme une récréation. Ce soir, si vous avez bien travaillé dans votre journée, nous irons faire une petite course au bord de la Marne, et je vous ferai voir d'autres petits insectes que vous serez bien aises de connaître. »

Nos petits lecteurs, qui s'intéressent aux leçons de M. de Luçon aussi bien qu'Adolphe et Zoé, se doutent bien que ces chers enfants se mirent à travailler à leurs devoirs ordinaires avec une véritable ardeur, afin de satisfaire leur excellent père et de mériter la promenade au bord de la Marne ; aussi, après avoir vérifié leur travail, et après leur repas, M. de Luçon tint sa promesse : ils descendirent la nouvelle route qui longe le Grand-Val, magnifique propriété de M. de Merval, dont nous avons parlé dans notre première leçon, et se trouvèrent bientôt dans la plaine, d'où l'on aperçoit les monuments de Paris, et, depuis Boissy-Saint-Léger, à gauche, jusqu'à Chenevières, à droite, un horizon de plus de quinze lieues. Ils suivirent le ruisseau appelé le Reu, qui parcourt cette belle campagne, tout émaillée de fleurs, jusqu'à la Marne, qui roule ses eaux verdoyantes et savonneuses, dont la nature grasse et marneuse lui a mérité le nom qu'elle porte. Si M. de Luçon avait écouté Adolphe et Zoé, ils ne seraient jamais arrivés jusqu'à la Marne; car les enfants retrouvaient sur leur chemin tous les insectes décrits dans nos premières promenades : papillons, cousins, guêpes, bourdons, et mille autres insectes encore inconnus pour eux ; mais il fallait procéder par ordre, et M. de Luçon ne voulait pas d'une leçon destinée aux diptères, aux diploptères, faire une étude de carabiques et de coléoptères, c'est-à-dire que, voulant montrer certaines mouches après leur avoir appris les mœurs des guêpes et des bourdons, il ne voulait pas se laisser entraîner par la description des petits carnassiers et des insectes à ailes dures (coléoptères) qu'ils rencontraient à chaque instant sous leurs pas.

— C'est bien, c'est bien, disait M. de Luçon en pressant la marche, lorsque les enfants lui demandaient le nom de tel ou tel insecte qu'ils attrapaient en courant, nous ferons connaissance avec eux une autre fois ; allons d'abord trouver les éphémères , que je cherche.

ZOÉ.

Ephémère ne veut-il pas dire de courte durée ?

M. DE LUÇON.

Précisément : c'est le sens qu'on donne, d'ordinaire, à ce mot ; mais un tel nom donné aux petites mouches que je vais vous montrer a ici sa véritable signification ; car éphémère veut dire qui vit un jour, et ces animaux ne vivent que quelques heures à l'état parfait. Rien de plus curieux pour l'observateur que cette existence de quelques instants. En voici justement une masse énorme qui voltige entre ces saules , sur les bords de la Marne. Tenez, j'en prends quelques-uns dans mon chapeau ; voyez comme leur corps est mou , long et effilé ; il se termine par deux ou trois soies longues et articulées ; les antennes sont très-petites. Ces insectes portent presque toujours leurs ailes élevées et un peu inclinées en arrière, à la manière des agrions ou demoiselles ; les pieds sont très-grêles , et les jambes très-courtes.

ADOLPHE.

Mais vois donc, papa, en voilà une nué. Est-ce qu'il n'y a pas de danger à s'en approcher ainsi ?

M. DE LUÇON.

Pas le moins du monde : les pauvres bêtes n'ont rien à faire pour défendre leur vie, qui est si courte ; leur seul but est de se multiplier. Les femelles, qui sont venues au monde il y a quelques heures, vont devenir mères tout à l'heure, et pondront leurs œufs, quelles répandent en paquets sur l'eau ; tous vont mourir sans prendre de nourriture. Ces insectes étaient à l'état de nymphes ce matin, ils sont à l'état parfait dans ce moment ; ils seront morts tout à l'heure, la terre en sera couverte. Dans certains cantons, les cultivateurs les ramassent par charretées pour fumer leurs terres.

» Il en existe aux environs de Paris dont les ailes, étant plus blanches que celles-ci, les ont fait appeler albipennes (ailes blanches). Lorsque ces éphémères meurent, leur chute a l'aspect des flocons de neige qui tombent sur la terre dans nos jours d'hiver. Lorsqu'ils périssent au-dessus des eaux, les poissons, qui en sont très-friands, les dévorent. Les pêcheurs leur ont donné le nom de manne.

ZOÉ.

Mais ces œufs tombés dans l'eau que deviennent-ils ? sont-ils aussi prompts à éclore ?

M. DE LUÇON.

Alors, c'est différent : devenus larves, leur carrière est beaucoup plus longue; quelquefois ils passent deux ou trois ans dans cet état et dans celui de demi-nymphes ; ils vivent dans l'eau, souvent cachés, du moins pendant le jour, dans la vase et sous les pierres, souvent dans des trous horizontaux divisés en deux canaux : ces habitations sont toujours pratiquées dans la terre glaise, baignée par l'eau qui en occupe les cavités.

» Indépendamment des albipennes, on trouve encore, aux environs de Paris, l'éphémère vierge, avec l'abdomen terminé par deux petits filets plus longs que le corps; celui-ci est blanc, les ailes sont sans tache, et les yeux noirs. L'éphémère diptère, appelé ainsi parce que les secondes ailes sont peu sensibles, a le corps et l'abdomen d'un gris obscur, avec quelques traits d'un rouge fauve, terminé par deux filets pointés de noir ; il a les pattes un peu verdâtres, les ailes transparentes à bord extérieur, tachées de cendré.

» Ainsi voyez, mes enfants, quelle existence igno-rée pendant deux ou trois ans sous les eaux, pour voltiger ensuite quelques heures, se reproduire, mourir, et servir de pâture aux poissons, ou d'engrais à la terre! était-ce bien la peine de venir au monde? L'homme, qui peut vivre cent ans, se plaint du peu de durée de son existence, quelquefois si brillante et si agitée ; s'il pensait aux éphémères, qui eux aussi sont des créatures de Dieu, quel sujet de réflexions satisfaisantes pour lui ne trouverait-il pas dans cette seule comparaison ! »

Les enfants, tout jeunes qu'ils étaient, ne purent s'empêcher d'être frappés de cette réflexion, et ce rapprochement de deux existences si différentes fut pour eux, déjà habitués à penser, une occasion de méditation profonde dont leur esprit fut occupé jusqu'à leur retour au logis.

QUATRIÈME LEÇON.

———

Plus M. de Luçon remarquait l'aptitude de ses
enfants à l'étude de l'histoire naturelle, plus il se
félicitait d'avoir commencé de bonne heure les leçons
des quelques insectes que nous l'avons vu décrire;
mais combien il lui restait à faire pour apprendre à
ces chers enfants seulement les noms de ces nombreux animaux qui nous entourent, qu'on rencontre
à chaque pas à la campagne, et dont il est vraiment
honteux d'ignorer. les noms, les habitudes et les
mœurs, ne serait-ce que pour s'éviter la peur ridi-

4.

cule que les plus innocents inspirent, et en même temps savoir se préserver des piqûres qu'un petit nombre peut occasioner! aussi se promettait-il de borner ses leçons à la démonstration des divers insectes les plus connus, que nous sommes exposés à voir courir ou voler autour de nous, dans nos jardins; car il sentait que les autres devoirs que ses enfants avaient à remplir ne leur permettaient pas de donner assez de temps à une étude si longue et si compliquée, que la vie tout entière des naturalistes les plus distingués n'a jamais pu complètement approfondir.

De leur côté, Adolphe et Zoé, que ces sortes de récréations amusaient au-delà de toute expression, se hâtaient d'apprendre leurs autres leçons afin de se rendre auprès de M. de Luçon, pour recevoir de lui des explications sur tous les insectes qui leur tombaient sous la main.

Le troisième jour de ces instructives et intéressantes conversations, après le déjeûner, M. de Luçon emmena ses deux enfants, et les conduisit dans le parc du Petit-Val, belle propriété, aujourd'hui bien entretenue par un des plus riches propriétaires de Sucy, M. Moulton, qui permet la promenade aux personnes honnêtes qui désirent admirer les jolis sites de ce parc.

Après avoir parcouru les bois de sapins toujours verts, et d'autres ombrages plus délicieux encore, ce fut auprès des mouches à miel, des ruches du potager, qu'il les conduisit, afin de ne pas se laisser entraîner à répondre à des questions que ses enfants n'auraient pas manqué de lui faire s'il les eût laissés courir dans le parc.

— Mes enfants, leur dit-il, nous avons parlé des guêpes et des bourdons, nous aurions dû commencer par les abeilles, ces petites bêtes si intelligentes qui nous donnent le miel que nous mangeons sur nos tables; elles méritaient les premières de fixer notre attention.

» Vous savez qu'elles sont plus petites que les bombyx ou bourdons mâles. Leur corps, leur couleur, n'ont rien de remarquable ; mais ce qu'on ne peut se lasser d'admirer, c'est cette activité, cet ordre qui règnent dans leur ruche; elles y vivent en société au nombre de plus de vingt mille, quelquefois trente mille, tous mulets ou ouvrières, et de six à huit mille mâles, appelés bourdons par les cultivateurs. Les bourdons n'ont pas de dard comme les mulets. Une seule femelle existe au milieu de cette monarchie : c'est la reine, ainsi que nous l'appelons aujourd'hui. Les anciens lui avaient donné le nom de roi ou chef de la population : c'était une erreur.

» On distingue facilement les ouvrières des mâles. Approchez-vous un peu ; voyez ces abeilles plus petites qui semblent fort occupées, qui vont et viennent, qui entrent dans la ruche et qui en sortent : ce sont les mulets ; leur abdomen est court, leurs mandibules en forme de cuillère, leur trompe est plus forte que celle des mâles.

» On distingue deux sortes d'ouvrières : les premières, qu'on nomme cirières, sont chargées de la récolte des vivres, de l'approvisionnement et de l'emploi de tout le matériel de construction ; les secondes ou nourrices, plus petites et plus faibles, sont faites pour la retraite, et toutes leurs fonctions se réduisent presque à l'éducation des petits, et aux soins à donner à l'intérieur du ménage.

ADOLPHE.

Mais pourquoi ne font-elles pas leur nid, leurs gâteaux de cire sur les arbres, sur les chaumes, à la manière des guêpes ?

M. DE LUÇON.

C'est que, la matière qui compose ces gâteaux ne pouvant résister à l'intempérie des saisons, ces insectes ont préféré les cavités toutes faites par la nature, ou préparées pour eux par la main des hommes ; aussi trouvent-ils commode de rester installés dans ces ruches qu'on dispose pour eux, et il est rare que les abeilles les abandonnent.

ADOLPHE.

Cependant je me souviens que, l'année dernière, un essaim est venu se placer sur un arbre de notre jardin, et que tu avais le droit de le garder, bien qu'il fût possible qu'il se fût échappé des ruches de notre voisin.

M. DE LUÇON.

Effectivement, je me le rappelle. Cela arrive quelquefois, et vient de ce que, par suite de pontes successives, une ruche est devenue trop petite pour contenir toute la population ; alors une troupe nombreuse quitte la mère patrie en forme d'essaim. Quelques signes particuliers annoncent au cultivateur la perte dont il est menacé. Il existe des moyens de les attirer dans une nouvelle ruche, et ce n'est que par négligence ou parce qu'il est occupé à d'autres travaux que le propriétaire les laisse s'échapper : dans ce cas, c'est un essaim perdu pour lui, si la personne qui le trouve dans sa propriété, où il est venu s'établir, veut absolument le garder.

» Je voudrais vous faire voir avec quel art les ouvrières chargées du travail intérieur font avec la cire les lames composées de deux rangs opposés de cellules ou alvéoles, et si bien disposées pour le logement et le passage de l'abeille que des géomètres distingués ont démontré que leur forme est d'une d'une très-grande commodité, et qu'elles sont travaillées avec une extrême économie de cire. Toutes ces cellules sont égales, excepté celles de la reine, quelquefois au nombre de deux ou quatre, beaucoup plus grandes et presque cylindriques. Les cellules des mâles sont de grandeur moyenne, et placées çà et là dans la ruche.

» Ne t'approche pas autant de l'entrée de la ruche, Adolphe : ces mulets sont dangereux; on ne peut rien voir ainsi à l'intérieur, et les abeilles, lorsqu'on les dérange, sont terribles dans leur vengeance : elles se jettent en grand nombre sur la figure et les mains, et les couvrent de piqûres très-douloureuses et souvent mortelles à cause de leur multiplicité et des suites de l'inflammation. Un cheval avait donné un coup de pied à une ruche, qui en fut renversée; il fut assailli par l'essaim tout entier, et mourut dans des douleurs atroces.

» Je peux vous citer un autre fait plus curieux encore.

» Un général, de mes amis, qui avait été laissé avec un petit nombre d'hommes à la garde d'une forteresse mal défendue, se trouvant serré de près par des ennemis plus nombreux qui l'assiégeaient, profita plaisamment de ces dispositions guerrières des abeilles pour se tirer d'embarras. Il existait dans les jardins de cette petite redoute une vingtaine de ruches ; il les fait apporter doucement pendant la nuit sur les murs qu'il avait à défendre, et du côté où la brèche était déjà commencée par les assié-geants, et, le lendemain, lorsqu'il fut attaqué, de ce côté, par tous les ennemis, qui montaient déjà aux échelles, il fit précipiter sur eux les vingt ruches. A l'instant, ces pauvres bêtes, ainsi culbu-tées et violemment chassées de leur demeure, se précipitèrent avec fureur sur les assaillants, qui, aveuglés et horriblement blessés par les abeilles, prirent la fuite, et ce secours d'une nouvelle espèce donna à mon ami et à ses hommes le temps de faire, de l'autre côté, une honorable retraite.

ADOLPHE.

Tous les moyens sont bons à la guerre, et celui-là en valait bien un autre. Oh ! je n'irai plus jouer au-tour des ruches.

M. DE LUÇON.

Pourvu qu'on ne les touche pas, qu'on ne les tourmente pas, on n'a rien à craindre ; car ces in-téressants petits animaux sont si laborieux, si actifs ;

à l'intérieur et à l'extérieur, qu'ils n'ont pas un moment à perdre. Aussitôt que la ponte a eu lieu, ce qui arrive au commencement de l'été, les mulets soignent les œufs avec la plus grande sollicitude. Lorsqu'ils sont éclos, ils en renferment les larves dans les cellules pour attendre la métamorphose, qui arrive après douze jours environ de réclusion. Alors les ouvrières nettoient les loges ou cellules, afin qu'elles soient prêtes à recevoir de nouveaux œufs.

Il n'en est pas de même des cellules royales où les femelles ou les reines viennent de naître : ces cellules sont détruites par les ouvrières, qui en reconstruisent d'autres s'il est nécessaire. Les œufs qui produisent les mâles sont pondus deux mois plus tard.

ZOÉ.

J'avais entendu dire que les abeilles d'une ruche en attaquaient une autre pour s'en emparer ; est-ce vrai ?

M. DE LUÇON.

Non, ma chère enfant; c'est une erreur populaire : les abeilles se livrent quelquefois entre elles de violents combats, mais c'est seulement à l'époque où les mâles deviennent inutiles. Lorsque les femelle sont déposé leurs œufs, les ouvrières mettent à mort tous les mâles, et le carnage est terrible.

ZOÉ.

Cela est bien cruel.

M. DE LUÇON.

Cela arrive aussi parmi les animaux de certaines espèces. Les mâles, devenus inutiles aussitôt que les petits sont éclos, sont éloignés ou mis à mort. La nature n'a qu'un but, la propagation de l'espèce ; et puisque les mâles laissent aux ouvrières tous les soins à donner à leur progéniture, et qu'ils sont incapables de les partager, leur présence est devenue inutile, nuisible peut-être, il faut qu'ils disparaissent.

ADOLPHE.

Mais, papa, puisqu'il est si dangereux d'approcher des abeilles, et surtout de les tourmenter, comment fait-on alors pour s'emparer de leur miel et des gâteaux qu'on nous vend, dont la cire est employée à tant de choses ?

M. DE LUÇON.

Aujourd'hui on a des moyens très-faciles. Dans

des temps plus reculés, et encore dans quelques campagnes où les paysans ont conservé leur première ignorance, on faisait et on fait encore périr par le feu ces pauvres mouches pour s'emparer de leur miel ; ce qui est absurde est cruel. Aujourd'hui, dans nos contrées plus éclairées, on dispose simplement une autre ruche, qu'on enduit de miel à l'intérieur, et un homme armé de gants épais et d'un masque de laiton, après avoir placé l'ouverture de la ruche préparée en face d'une autre ruche habitée, les deux entrées rapprochées, frappe la ruche remplie de mouches, et les chasse dans celle qui est vide ; ce qui s'exécute en quelques instants. Lorsque toutes ont déménagé, on enlève la moitié des pains ou gâteaux de cire, tout remplis de miel, laissant l'autre partie dans l'ancienne ruche, afin qu'un autre essaim, venant en prendre possession, ait bientôt réparé et remplacé ce qui a été enlevé.

» Mais en voilà assez sur les abeilles ; on ne peut tout dire en un jour ; nous y reviendrons plus tard, lorsque nous nous occuperons de l'instinct et des mœurs des animaux.

» Maintenant, si vous voulez, nous allons faire le tour des murs d'enceinte de ce beau parc ; nous remonterons par la vieille route, qui est si rapide : c'est le chemin qui sépare le parc, que nous allons quitter, de la propriété de M. Boudin de Vèvres. Autrefois elle appartenait à M. de Coulanges, oncle d'une dame célèbre, madame de Sévigné, dont vous lirez plus tard les lettres, encore considérées comme le modèle du style épistolaire le plus simple et le plus familier. »

Les enfants se mirent bientôt à courir dans la campagne ; ils poursuivirent en vain quelques lépidoptères des champs ; mais ils n'avaient pas leur lanet, et ceux qu'ils purent saisir furent bien vite gâtés, et ne purent être conservés. Mais tout-à-coup Adolphe s'arrêta au coin du mur qui fait l'angle de la grille du Petit-Val et de la montagne qui conduit à Sucy, et fit signe à son papa et à sa sœur qu'il avait découvert quelque chose.

ADOLPHE.

Regarde, papa, cette espèce de bête cornue, presque noire, avec des pinces ; elle a au moins un pouce de long ; ses ailes sont transparentes, avec des raies noires, entrecoupées de blanc ; elle se tient au fond d'un trou de sable fin.

M. DE LUÇON.

Oui, je la reconnais : c'est la larve du fourmi-lion, ainsi appelé à cause de la destruction qu'il fait des fourmis, dont la chasse l'occupe et le nourrit. Vous voyez que son abdomen et très-volumineux proportionnellement à son corps ; sa petite tête est armée de deux longues mandibules , que tu as prises pour des cornes ; elles sont dentelées à l'intérieur , pointues au bout, et lui servent à la fois de pinces et de suçoirs. Son corps est grisâtre plutôt que noir. Bien qu'il ait ses six pattes comme les autres insectes, il marche lentement et presque toujours à reculons. Ne pouvant ainsi saisir sa proie à la course, c'est par la ruse qu'il parvient à s'en emparer : ce trou, en forme d'entonnoir, au fond duquel il se tient, c'est un piége qu'il a fabriqué lui-même, en tournant et en creusant dans le sable fin, qu'il enlève avec sa tête, afin de vider le trou à mesure qu'il pénètre au fond. On le trouve tantôt au pied des vieux arbres, tantôt au bas des murs exposés au soleil comme celui-ci.

» Vous voyez comme il se cache dans le sable au fond de l'entonnoir si artistement travaillé ; il ne laisse passer que ses mandibules ou pinces. Lorsqu'une fourmi imprudente tombe dans le précipice, il s'en saisit, et si elle cherche à s'échapper, il fait pleuvoir sur elle avec sa tête et ses mandibules une si grande quantité de sable qu'il l'étourdit et la fait rouler dans le trou ; il se jette dessus, la suce, et rejette ensuite loin de lui son cadavre.

» Nous allons nous en emparer ; il mérite de prendre place dans notre collection. »

Nos jeunes naturalistes rentrèrent bientôt à la maison pour se livrer à d'autres devoirs, espérant retourner bientôt à cette chasse d'insectes; dont la recherche les intéressait de plus en plus.

CINQUIÈME LEÇON.

***

— DEPUIS deux ou trois jours seulement que tu
nous entretiens de toutes ces merveilles de la nature,
disait, en dînant, Adolphe à son papa, combien je
m'intéresse davantage à tout ce que je vois dans la
campagne autour de nous ! je voudrais t'avoir toujours là, près de moi, pour te demander comment se
nomment telle mouche, tel oiseau que je rencontre, à
quoi ils peuvent servir, comment ils vivent, comment
ils meurent. Que tu es heureux de savoir tout cela !
jamais je ne pourrais me souvenir de tous ces noms.

M. DE LUÇON.

Avec le temps, le peu que je t'aurai appris se classera dans ta tête. J'ai pu, dans ma jeunesse, m'y appliquer de bonne heure, et le goût m'en est venu comme à toi, parce que je me trouvais avec des personnes instruites et complaisantes, qui voulurent bien me faire étudier ces sciences. Je ne pourrai vous montrer, mes chers enfants, que ce que j'ai pu retenir ; mais si vous êtes attentifs, avec de bons livres, vous pourrez achever ce que j'aurai seulement commencé.

ZOÉ.

Puisque tu es si bon, cher papa, je te demanderai le nom de cette petite bête noire que j'ai aperçue hier dans la cheminée, et que je n'ai pas osé prendre.

ADOLPHE.

Oui, ce cri-cri, qui chante si tristement vers le soir.

M. DE LUÇON.

C'est le grillon domestique, dit grillon des boulangers, qui en sont incommodés à cause du grand nombre attiré chez eux par la chaleur du four et par la farine, dont ils se nourrissent volontiers; ils redoutent le froid. On les croit originaires des pays chauds, puisqu'ils habitent, de préférence, les cheminées et les crevasses des fours, où ils trouvent une chaleur capable de les naturaliser dans nos contrées.

» Des naturalistes modernes prétendent que les grillons, se tenant constamment à une grande chaleur, sont toujours altérés; qu'on les trouve fréquemment noyés dans des vases remplis de liquide, et qu'on en a vu ronger des vêtements mouillés, qu'on avait fait sécher au feu.

ZOÉ.

Mais ne dit-on pas aussi qu'il y a des cri-cris dans la campagne?

M. DE LUÇON.

C'est encore un grillon, appelé grillon champêtre; il est plus gros que celui dont nous venons de nous occuper; il se plaît aussi dans les terrains chauds, exposés au soleil et sablonneux; il s'y établit et y creuse son terrier avec ses fortes mandibules. La femelle y pond une quantité d'œufs au milieu de l'été.

»Les petits paysans s'amusent à faire sortir l'insecte de son trou, en y introduisant un fil auquel ils attachent une fourmi. Le grillon suit cet appât, qu'on retire doucement à mesure qu'il avance ; alors on peut le prendre. On lui présente aussi un brin de paille, dont il se saisit avec ses mandibules, sans le quitter lorsqu'on s'empare de lui ; au reste, c'est un animal fort inoffensif et très-doux.

»Les larves, naissent à la fin du mois de juillet, d'un œuf blanc sale qui se trouve collé à la terre au moyen d'une gomme qui lui est adhérente. On rencontre ces larves le soir ; elles traversent les chemins en sautant, surtout après les orages et les pluies : l'humidité les fait fuir.

»Soit comme larves, soit à l'état de nymphes, ces insectes ne font entendre aucun son ; mais, devenu insecte parfait, le mâle a la propriété de chanter, ou plutôt de faire entendre des sons, car il ne chante pas, comme vous pourriez le croire. Écoutez bien ceci, mes enfants : le bruit que vous entendez est produit par les élytres ou ailes dures du grillon, qu'il frotte rapidement l'une contre l'autre. On a donné le nom d'archet à une des nervures de l'élytre supérieur, qui frotte une des nervures de l'élytre inférieur, appelé chanterelle. Ses ailes sont comme des cordes sonores incrustées dans sa peau ; on a comparé cette espèce d'instrument à un tambour de basque divisé en un grand nombre de compartiments par des lames dont les vibrations, provoquées par le frottement de l'archet, donnent des sons. Cela est si vrai qu'on peut, sur un grillon mort, en soulevant les élytres et en les frottant l'un contre l'autre, à l'aide d'une épingle dont on passe la pointe sur l'archet, rendre des sons, sinon aussi forts que dans son état de vie, du moins suffisants pour en reconnaître la stridulation.

ZOÉ.

C'est vraiment incroyable : voilà un musicien d'une nouvelle espèce qui chante avec son dos au lieu de donner ses sons avec la voix.

»Oh ! qu'on a bien raison de dire que le plus petit insecte est à lui seul un hymne à la gloire de Dieu ! Oh ! que de puissance ! oh ! que de sagesse !

M. DE LUÇON.

Ajoute encore : Oh ! que de bonté ! Et il y a cependant des hommes ingrats, des hommes qui ne voient que du hasard dans tous les ravissants phénomènes de la nature !

ADOLPHE.

Tu disais que c'était un animal très-inoffensif

et peu nuisible ; cependant le jardinier les tue im-
pitoyablement lorsqu'il les rencontre , à ce qu'il m'a
dit.

M. DE LUÇON.

Ce n'est pas du tout le même : c'est une troisième espèce, appelée grillon-taupe, ou plutôt
courtillière, d'un vieux mot français qui veut dire
jardin.

» La courtillière est plus grosse que le grillon
champêtre ; elle a presque le volume de ton petit
doigt ; sa tête et son corselet ressemblent à la tête de
l'écrevisse ; elle a deux pattes antérieures larges ,
à la manière des taupes, qui lui servent à creuser
des galeries souterraines.

» Elle est, en effet, le désespoir du jardinier, dont
elle bouleverse toutes les plantes, en passant à
travers les racines ; car ses galeries sont creusées
dans tous les sens plus ou moins profondément, et
quelquefois presque à la surface du sol. On conçoit
que de semblables galeries, pratiquées par des animaux dont la fécondité est prodigieuse, occasio-
nent de très-grands ravages dans les endroits où elles
se trouvent. Que les végétaux servent ou non à la
nourriture des courtillières, ils n'en sont pas moins
détruits lorsqu'ils se trouvent sur le passage de ces
mineuses, qui ravagent de préférence les plants de

laitues. Lorsque les chaleurs de l'été commencent,
les mâles se placent à l'entrée de ces galeries souterraines, et font entendre, à la manière du grillon, une
faible stridulation pour appeler les femelles. Celles-
ci construisent un nid qui doit recevoir leurs œufs ;
elles choisissent un terrain assez ferme pour résister à
l'action de la pluie. Après avoir tracé une galerie
circulaire, elles se creusent une nouvelle retraite à
quelques pouces de celle où elles ont déposé les œufs,
tantôt vers le milieu, tantôt vers la fin du printemps.
Leur nombre s'élève à deux ou trois cents environ ;
ils sont alongés, et d'un blanc jaunâtre et luisant ;
ils éclosent ordinairement au bout d'un mois. Les
jeunes larves sont blanches en sortant de l'œuf, et
ce n'est qu'au printemps suivant qu'elles passent à
l'état de nymphes, et que les ailes commencent à
se manifester, après la quatrième ou la cinquième
mue.

» On reconnaît qu'un des endroits du potager est
ravagé par ces animaux lorsque les feuilles des
plantes sont jaunes et fanées, et qu'on remarque
sur le sol des petits tas de terre dans la forme de
ceux occasionés par les taupes', mais nécessairement
plus petits.

ZOÉ.

C'est égal, je m'intéresse aussi à ces nouveaux

grillons, et je tâcherai d'en attraper un aujourd'hui pour lui donner une place dans notre collection.

M. DE LUÇON.

Tache d'en prendre quelques centaines, tu rendras un grand service à notre jardinier, qui se plaint beaucoup de leur dégât.

ZOÉ.

A quoi bon toutes ces bêtes si nuisibles sur la terre ? Ne vaudrait-il pas mieux qu'elles n'existassent pas ?

M. DE LUÇON.

Je ne peux de suite me prononcer là-dessus, mais je suis convaincu, bien que je ne puisse t'en donner des preuves positives à l'instant même, que la Providence n'a rien fait d'inutile, et que tous ces animaux ont été créés avec un but qu'il est facile de découvrir lorsqu'on s'occupe avec soin de l'étude de leurs mœurs et de leurs habitudes.

ZOÉ.

Mais, mon cher papa, il y en a qui ne font que

du mal · ce perce-oreille que j'ai écrasé ce matin, par exemple.

M. DE LUÇON.

Tu parles, ma chère Zoé, comme les enfants ignorants ou les paysans sans instruction, qui restent toute leur vie sous l'influence des préjugés populaires les plus ridicules. Le perce-oreille, appelé ainsi du mot latin *forficula*, que l'on a rendu en français par celui qu'il porte, attaque les fruits, dévore même les cadavres des insectes de son espèce ; leur pince abdominale, qui varie de forme dans les différentes espèces (car on en connaît un assez grand nombre) lui sert d'arme défensive, quoique peu redoutable; là se borne tout le mal qu'il peut faire. Dans des temps loin de nous, on s'imaginait que ces insectes, que, par ignorance on regardait comme si dangereux, s'introduisaient dans les oreilles, pénétraient ensuite dans le cerveau, et faisaient périr les infortunés qu'ils attaquaient. Toutes ces niaiseries sont autant de contes faits pour amuser les bonnes d'enfants , par la raison toute simple que ceux qui ont étudié l'anatomie de l'oreille savent parfaitement qu'une pareille introduction est impossible dans l'intérieur du cerveau, attendu qu'il n'y a pas d'ouverture qui y communique.

Les Insectes.

ADOLPHE.

Alors il ne fallait pas lui laisser ce nom de perce-oreille, qui fait peur aux petits garçons et aux grandes demoiselles comme Zoé.

ZOÉ.

Ce matin encore, mon grand frère Adolphe en avait autant de frayeur que moi.

M. DE LUÇON (riant).

Vous n'en aurez plus peur demain, et même je suis sûr que vous oserez le prendre dans vos doigts, malgré son agilité extrême ; vous remarquerez alors qu'il exhale une odeur très-prononcée d'acide sulfurique.

» Il y a deux espèces de perce-oreille : le grand, qui a six lignes de long, est brun, avec une tête rousse, les bords du corselet grisâtres, et les pieds d'un jaune d'ocre ; le petit est moindre des deux tiers, et plus foncé en couleur : on les trouve dans les endroits sombres et humides, sous les pierres et au milieu des ordures.

» Là femelle pond des œufs blancs ; elle les place sous elle et semble les couver. La jeune larve est énorme en comparaison du volume de l'œuf d'où elle sort, de sorte que leur corps y est extrêmement comprimé.

» Les larves témoignent beaucoup d'attachement pour leur mère, qu'elles ne quittent pas, et la mère leur donne d'aussi grandes preuves de tendresse et de sollicitude que la poule pour ses petits. Vous pourrez vous en convaincre en levant doucement une pierre laissée depuis long-temps dans une cave ; vous serez facilement témoins, en les observant avec une lumière, des soins dont la mère entoure sa couvée. Souvenez-vous, enfants, que cette espèce est de l'ordre des orthoptères, c'est-à-dire à ailes courtes.

SIXIÈME LEÇON.

Le lendemain, Adolphe, qui croyait avoir beaucoup réfléchi sur ce qu'il avait vu la veille, disait à son papa d'un petit air de docteur : « C'est égal, si le monde était à refaire, et si j'avais la toute-puissance de Dieu, et que je fusse chargé de peupler de nouveau la terre, je ne voudrais pas que des animaux qui me paraissent aussi inutiles que les courtillières et tant d'autres fussent si productifs. Qu'ils soient bons ou non à quelque chose à quoi bon si souvent trois cents œufs à la fois ? »

M. DE LUÇON.

Mon pauvre enfant, je t'engage à lire aujourd'hui la jolie fable de La Fontaine qui a pour titre le Gland et la Citrouille, et tu m'en diras des nouvelles ; en attendant le fruit de cette lecture, sache, Adolphe, que la fécondité des courtillières, dont tu te plains, n'est rien en comparaison de celle de quelques autres animaux ; rappelle-toi ces petits insectes noirs que je t'ai fait voir l'autre jour lorsque tu m'apportais des feuilles de groseillier toutes remplies de vessies : c'étaient autant de fourmilières de petits pucerons, que nous trouvâmes à l'intérieur de la boursoufflure. Eh bien! leur fécondité est tout autrement prodigieuse et étonnante : une seule femelle met au monde des petits tout vivants, à la manière des quadrupèdes ou des mammifères ; les femelles de ces petits nouveau-nés sont également pleines en naissant ; elles mettent bas elles-mêmes, et de la même manière, des petits tout vivants ; il en est de même jusqu'à la neuvième génération, et cela en trois mois seulement ! On en a eu la preuve certaine en isolant une femelle. Jugez de la multitude innombrable qu'il résulte d'une telle fécondité ; cependant ces petits animaux ne servent qu'à la nourriture de divers insectes, et particulièrement des fourmis, qui sont friandes d'une matière sucrée que les pucerons rendent par deux tuyaux creux qu'ils ont à l'abdomen ; on ne les connaît que par le mal qu'ils font aux plantes, qu'ils sucent avec leur trompe, et qu'ils couvrent de leurs nids. Ils vivent en société. Ils ne sautent pas, ils marchent lentement. Chaque société offre au printemps et en été des pucerons toujours aptères, c'est-à-dire sans ailes, et des demi-nymphes, dont les ailes doivent se développer. Lorsque les neufs générations pondues successivement par les femelles sont bien vivantes et répandues dans les environs, c'est à cette époque seulement que les dernières femelles pondent des œufs qui sont déposés sur les branches des arbres où ils passent l'hiver, et d'où sortent, au printemps suivant, des courtillières qui se multiplient d'elles-mêmes et si prodigieusement, sans le secours des mâles.

ADOLPHE.

C'est merveilleux, sans doute, une telle fécondité, mais j'en reviens toujours à ce que je disais : à quoi bon toutes ces bêtes qui n'ont d'autre utilité que celle de nourrir les fourmis et d'autres insectes, tandis qu'elles nous tourmentent et détruisent nos plantes et nos fleurs?

M. DE LUÇON.

Rien n'est inutile dans la création, mon cher enfant : une cause souverainement sage ne produit pas d'effets sans raison, à prendre même les choses au point de vue égoïste que tu as adopté, savoir, que les animaux seulement agréables à l'homme devraient exister. Il sera facile de te faire voir plus tard que toutes ces créatures, ces insectes qui se mangent les uns les autres, qui s'attaquent et se détruisent, remplissent, par cela même, le but de la Providence, qui n'a pas voulu que le monde, que la terre enfin fût bientôt couverte d'un trop grand nombre d'animaux, qu'elle ne pourrait nourrir, et qui a organisé, au contraire, les choses de telle sorte, par une excessive prévoyance, que les animaux se succèdent les uns aux autres, se nourrissent les uns au moyen des autres, les hommes en mangeant des animaux de toute espèce, et ceux-ci en se dévorant mutuellement, et enfin que les cadavres eux-mêmes, qui bientôt couvriraient la terre, et y causeraient infailliblement la peste, soient aussi dévorés par une multitude d'insectes et d'animaux qui y trouvent leur nourriture, et en débarrassent la terre, qui, sans cela, serait bientôt inhabitable.

ADOLPHE.

En effet, mon cher papa, je n'avais pas pensé à cela.

M. DE LUÇON.

Tu vois bien, mon ami, qu'il ne faut pas se prononcer sans réflexion ; ce qui est fait est bien fait, il faut le croire ainsi, et seulement tâcher de s'instruire en cherchant l'utilité de chaque chose et d'en tirer notre profit. Encore si bien et si long-temps que nous cherchions, nous serons toujours à voir devant nous s'agrandir un horizon infini. Ta sœur disait : « Ah ! que Dieu est grand ! » disons, nous, en dépit de notre art et de notre science : Eh ! que l'homme est petit, et qu'il sait peu de chose !

» Venez maintenant avec moi : j'ai à vous montrer la larve de la frigane, que nous trouverons au bord du ruisseau qui traverse les propriétés de M. de Merval, qui a bien voulu nous permettre de nous y promener et d'y faire nos collections. Il faut dire d'abord qu'à l'état parfait les friganes sont de petites mouches à quatre ailes, de la famille des névroptères, et qu'on les appelle mouches papillonacées, sans doute parce que leur corps est hérissé de poils, et qu'il forme, avec les ailes, un triangle alongé ; elles ont les pattes longues. Vous les voyez souvent, le soir, pénétrer dans les appartements, attirées par la lumière ; elles sont d'une vivacité extrême ; elles ont une mauvaise odeur. C'est au bord de l'eau que les femelles pondent leurs œufs ; c'est pourquoi nous allons les y trouver à l'état de larves.

» Tenez, nous y voici arrivés. Baisse-toi, Adolphe. Tu vois dans l'eau, sur ce bord, des espèces de tuyaux ; prends-en un. N'aie pas peur. La frigane est dedans et s'y cache. Regarde comme ces petits morceaux de bois, de racines, dont elle a fait sa maison, sont artistement liés ensemble par des fils de soie qu'elle fait sortir de sa lèvre, à la manière des chenilles, des lépidoptères! L'intérieur de l'habitation forme un tube qui est ouvert aux deux bouts pour l'entrée de l'eau. La larve traîne toujours son fourreau avec elle, fait sortir seulement l'extrémité de son corps lorsqu'elle veut marcher, mais ne quitte jamais sa maison, et chercherait à y rentrer si tu l'en arrachais de force.

» Tiens, voilà qu'elle sort un peu : tu vois comme sa forme est alongée, sa tête écailleuse pourvue de fortes mandibules et d'un petit œil de chaque côté ; elle a six pattes, dont les deux antérieures plus courtes et ordinairement plus grosses.

» Lorsque ces larves veulent se transformer en nymphes, elles se fixent à différents corps, mais toujours dans l'eau ; elles ferment alors les deux ouvertures avec une porte grillée, dont la forme, ainsi que celle des tuyaux, varie selon les espèces ; car il y a quinze espèces de friganes. Elles ont soin de fixer et d'arrêter leur demeure portative de manière que l'ouverture située au point d'appui ne soit pas bouchée ; car c'est par-là qu'elles doivent s'envoler lorsqu'elles seront devenues petits papillons. Tu pourras en voir ce soir en plaçant une bougie allumée auprès de la fenêtre ouverte : elles arrive-

ront; tu pourras remarquer la rapidité de leurs mouvements et leurs ailes tantôt grises, tantôt noirâtres, et quelquefois arrondies ; il y en a qui ont les
antennes deux ou trois fois plus longues que le
corps. »

SEPTIÈME LEÇON.

QUELQUES jours après ces diverses leçons que nous avons mises sous les yeux de nos jeunes lecteurs, les enfants, que d'autres occupations avaient retenus à la maison, se trouvaient dans le jardin avec leur excellent père. Zoé lui dit :

— Mon cher papa, parmi les insectes qui nous entourent, il en est un que je n'aime pas, dont j'ai peur ; je voudrais bien t'entendre nous en parler un peu : c'est l'araignée.

ADOLPHE.

Oh ! oui, papa, je ne l'aime pas non plus.

M. DE LUÇON.

Vous êtes bien difficiles, mes chers enfants, ou plutôt bien ignorants : c'est un des insectes sur lesquels il y a le plus à dire, un de ceux qui sont le plus dignes de notre attention et de nos observations ; il y a des volumes à écrire sur un tel sujet, et un savant distingué, M. de Walkenaer, ancien secrétaire-général de la préfecture de la Seine, a fait, sur les araignées, un ouvrage complet, qui est devenu classique pour tout le monde. Je n'ose vraiment aborder un tel sujet, et, tout concis que je veux être, vous ne pourrez m'écouter jusqu'au bout, malgré tout l'intérêt qu'inspirent ces petits êtres, si laborieux et si intelligents.

ZOÉ.

Dis toujours, cher papa ; je te promets que nous t'écouterons avec attention jusqu'au bout.

M. DE LUÇON.

A la bonne heure. Il faut d'abord que je vous dise que les araignées, appelées arachnides par les entomologistes, sont, comme les crustacés, dépourvues d'ailes, et ne sont point, pareillement, sujettes à changer de forme, ou n'éprouvent pas de métamorphoses, mais de simples mues. Elles diffèrent de ces animaux, ainsi que des insectes, en plusieurs points ; de même que dans ceux-ci, leur corps offre à sa surface des ouvertures ou fentes transverses nommées *stigmates*, qui veut dire *bouche-à-air*, destinées à l'entrée de l'air ; ces ouvertures sont en très-petit nombre, huit au plus, et plus communément deux, et uniquement situées à la partie inférieure de l'abdomen. La respiration chez ces animaux s'opère au moyen de branchies aériennes, faisant l'office de poumons, renfermées dans des poches dont ces ouvertures ferment l'entrée. Les organes de la vision ne consistent qu'en de simples petits yeux lisses, groupés de diverses manières lorsqu'ils sont nombreux. La tête, ordinairement confondue avec le thorax, ne présente, à la place des antennes, que deux pièces articulées, en forme de petites serres, qu'on a mal à propos comparées aux mandibules des insectes, se mouvant en sens contraire de celles-ci ou autrement de haut en bas, coopérant néanmoins à la manducation, et remplacées, dans les arachnides, dont la bouche est en forme de siphon ou de suçoir, par deux lames pointues, servant de lancettes.

ADOLPHE.

Elles ont des lancettes !

M. DE LUÇON.

Qui ne sont pas dangereuses pour nous. La plupart des arachnides se nourrissent d'insectes qu'elles saisissent vivants, ou sur lesquels elles se fixent et dont elles sucent les humeurs ; d'autres vivent, en parasites, sur des animaux vertébrés, c'est-à-dire qui ont un squelette ; il en est cependant que l'on ne trouve que dans la farine, sur le fromage, et même sur divers végétaux.

» Celles qui se tiennent sur d'autres animaux s'y multiplient en grand nombre. Dans quelques espèces, deux de leurs pattes ne se développent qu'avec un changement de peau, et, en général, ce n'est qu'après la quatrième ou cinquième mue au plus que les femelles de cette classe deviennent mères.

ZOÉ.

Il y a donc un bien grand nombre d'espèces d'araignées ?

M. DE LUÇON.

On divise ces animaux en deux ordres. Les unes ont des sacs pulmonaires, un cœur avec des vaisseaux bien distincts : c'est l'ordre des arachnides pulmonaires ; les autres respirent par des trachées, et ne présentent point d'organes de circulation complète. Le nombre des yeux lisses est de quatre au plus. Ces arachnides forment l'ordre des trachéennes. La première famille des arachnides pulmonaires, celle des fileuses, se compose des araignées : elles ont des palpes en forme de petits pieds, sans pince au bout, terminés, dans les femelles, par un petit crochet, et dont le dernier article renferme, chez les mâles, divers appendices plus ou moins compliqués. Le thorax, qui a laforme d'un V, indique l'espace occupé par la tête, et n'a qu'un seul article, auquel est suspendu en arrière, au moyen d'un pédicule court, un abdomen immobile et extraordinairement mou, qui est muni, au-dessous de l'anus, de quatre à six mamelons charnus, au bout cylindrique ou conique, articulés, très-rapprochés les uns des autres, et percés, à leur extrémité, d'une infinité de petits trous pour le passage de fils soyeux d'une extrême tenuité. Les pieds, de forme identique, mais de grandeurs variées, sont composés de sept articles.

» A l'égard des yeux lisses, on remarque qu'ils brillent dans l'obscurité comme ceux des chats, et que les araignées ont vraisemblablement la faculté de voir de jour et de nuit.

» L'abdomen des aranéides se putréfie et s'altère tellement après la mort que ses couleurs et même sa forme sont méconnaissables. On est parvenu cependant, au moyen d'une dessiccation très-prompte, à remédier, autant que possible, à cet inconvénient, lorsqu'on veut les conserver dans les collections.

» La soie subit une première élaboration dans deux petits réservoirs ayant la figure d'une larme de verre. Au sortir des mamelons, les fils de soie sont gluants ; il leur faut un certain degré de dessiccation ou d'évaporation d'humidité pour pouvoir être employés ; mais il paraît que, lorsque la température est propice, un instant suffit pour les sécher, puisque ces animaux s'en servent aussitôt qu'ils s'échappent de leurs filières.

» Ces flocons blancs et soyeux que l'on voit voltiger au printemps et en automne, les jours où il y a du brouillard, et qu'on nomme vulgairement fils de la Vierge, sont certainement produits, ainsi que l'on s'en est assuré en suivant leur point de départ, par diverses jeunes aranéides, notamment des épéires et des thomises ; ce sont principalement les grands fils qui doivent servir d'attache aux rayons de la toile, ou ceux qui en composent la chaîne, et qui, devenant plus pesants à raison de l'humidité, s'affaissent, se rapprochent les uns des autres et finissent par se réunir en pelotons ; on les voit souvent se réunir près de la toile commencée par l'animal et où il se tient.

» Il est d'ailleurs probable que beaucoup de ces aranéides n'ayant pas encore une provision abondante de soie, se bornent à en jeter au loin de simples fils.

C'est, à ce qu'il paraît, à de jeunes lycoses qu'il faut attribuer ceux que l'on voit, en grande abondance, croisant les sillons des terres labourées. Lorsqu'ils réfléchissent la lumière du soleil, analysés chimiquement, ces fils de la Vierge offrent précisément les mêmes caractères que la soie des araignées.

» On est parvenu à fabriquer avec cette soie des bas élégants ; mais ces essais n'étant point susceptibles d'une application en grand, et étant sujets à beaucoup de difficultés, sont plus curieux qu'utiles.

» C'est avec cette matière que les aranéides sédentaires, c'est-à-dire celles qui ne vont pas à la chasse de leur proie, ourdissent ces toiles (1), d'un tissu plus ou moins serré, dont les formes et les positions varient selon les habitudes propres à chacune d'elles, et qui sont autant de piéges où les insectes dont elles se nourrissent se prennent ou s'embarrassent. A peine s'y trouvent-ils arrêtés, au moyen des crochets de leurs tarses, que l'aranéïde, placée tantôt au centre de son réseau ou au fond de sa toile, tantôt dans une habitation particulière située auprès et dans l'un de ses angles,

---

(1) Celles de quelques aranéides exotiques sont si fortes qu'elles arrêtent de petits oiseaux, et opposent même à l'homme une certaine résistance.

accourt, s'approche de l'insecte, fait tous ses efforts pour le piquer avec son dard meurtrier, et distille dans sa plaie un poison qui agit très-promptement. Lorsque l'insecte oppose une trop forte résistance, ou qu'il serait dangereux pour elle de lutter avec lui, elle se retire un instant afin d'attendre qu'il ait perdu de ses forces, ou qu'il soit plus enlacé; ou bien, si elle n'a rien à craindre, elle s'empresse de le garrotter en dévidant autour de son corps des fils de soie qui l'enveloppent quelquefois entièrement et forment une couche qui le dérobe à nos regards.

» Un autre emploi de la soie, commun à toutes les anaréïdes femelles, a pour objet de construire des coques destinées à renfermer leurs œufs. La contexture et la forme de ces coques sont diversement modifiées selon les habitudes des races : elles sont généralement sphéroïdes (en boule); quelques-unes ont la forme d'un bonnet ou celle d'une timbale ; on en connaît qui sont portées sur un pédicule, ou qui se terminent en massue; des matières étrangères, comme la terre, des feuilles, les recouvrent quelquefois, du moins partiellement. Un tissu plus fin ou une sorte de bourre ou de duvet enveloppe souvent les œufs à l'intérieur. Ils y sont libres ou agglutinés, et plus ou moins nombreux. La reproduction de ces insectes dans nos climats a lieu depuis la fin de l'été jusqu'à la fin de septembre. Les œufs pondus les premiers éclosent souvent avant la fin de l'automne ;

les autres passent l'hiver. On a remarqué que les femelles de quelques espèces de lycoses ou araignées-loups déchirent la coque des œufs lorsque les petits doivent éclore. Les nouveau-nés grimpent sur le dos de leur mère et s'y tiennent pendant quelque temps. D'autres aranéides femelles portent leurs cocons sous le ventre, ou veillent à leur conservation en les fixant auprès d'elles. Les pattes postérieures ne se développent, dans quelques-uns de ces insectes, que quelques jours après leur naissance. Il en est qui, à la même époque, se [rassemblent pendant quelque temps en société et paraissent filer en commun. Leurs couleurs alors sont souvent uniformes, et le naturaliste qui aurait peu d'expérience pourrait multiplier mal à propos les espèces. On a observé que ces animaux jouissaient, ainsi que les crustacés, de la faculté de régénérer les membres perdus : ainsi, si une écrevisse peut voir une de ses pinces se renouveler après avoir été cassée, de même l'araignée a le même avantage pour une de ses pattes.

» On a aussi constaté qu'une seule piqûre d'aranéide de moyenne taille fait périr notre mouche domestique dans l'espace de quelques minutes; il est encore certain que la morsure de ces grandes aranéides de l'Amérique méridionale, qui sont connues sous le nom d'araignées-crabes, et que l'on range dans le genre migale, donne la mort à de petits animaux vertébrés, tels que de petits oiseaux, comme des colibris, des pigeons, et peut produire dans l'homme un accès violent de fièvre ; la piqûre même de quelques espèces de nos climats méridionaux a été quelquefois mortelle. On peut donc, sans adopter toutes les fables qu'on a débitées sur le compte de la tarentule, se méfier, surtout dans les pays chauds, de la piqûre des aranéides, et particulièrement des grosses espèces. Les araignées ont aussi leurs ennemis. Diverses espèces d'insectes du genre sphex saisissent des aranéides, les percent de leur aiguillon et les transportent dans les trous où elles déposent leurs œufs, afin qu'elles servent de pâture à leurs petits. La plupart de ces animaux périssent à l'arrière-saison ; mais il en est qui vivent plusieurs années, et de ce nombre sont les mygales, les lycoses, et probablement plusieurs autres.

Il y en a une autre espèce du genre dit clotho : c'est l'uroctée maculée. On la trouve dans les montagnes de Narbonne, dans les Pyrénées et dans les rochers de la Catalogne. Elle établit à la surface inférieure des grosses pierres, ou dans les fentes des rochers, une coque en forme de calotte ou de patelle, d'un bon pouce de diamètre. Son contour présente sept ou huit échancrures, dont les angles seuls sont fixés sur la pierre au moyen de faisceaux de fils, tandis que les bords sont libres. Cette singulière tente est d'une admirable texture : l'extérieur ressemble à un

taffetas des plus fins, formé, suivant l'âge de l'ouvrière, d'un plus ou moins grand nombre de doublures : ainsi, lorsque l'uroctée, encore jeune, commence à établir sa retraite, elle ne fabrique que deux
toiles, entre lesquelles elle se tient à l'abri ; par la
suite, à chaque mue, elle ajoute un certain nombre
de doublures ; enfin, lorsque l'époque marquée
pour la reproduction arrive, elle tisse un appartement tout exprès, plus duveté, plus moelleux, où
doivent être renfermés et les sacs des œufs et les
petits récemment éclos. Quoique la calotte extérieure
ou le pavillon soit, à dessein sans doute, plus ou moins
sali par des corps étrangers qui servent à en marquer la présence, l'appartement de l'industrieuse
fabricante est toujours d'une propreté recherchée.
Les poches ou sachets qui renferment les œufs sont
au nombre de quatre, de cinq ou même de six
pour chaque habitation ; ces poches ou sachets ont
une forme lenticulaire et ont plus de quatre lignes
de diamètre ; elles sont d'un taffetas blanc comme la
neige, et fournies intérieurement d'un édredon des
plus fins. Ce n'est que vers la fin d'octobre ou de
décembre que la ponte a lieu. Il fallait prémunir la
progéniture contre la rigueur de la saison et les incursions ennemies, tout a été prévu : le réceptacle de ce précieux dépôt est séparé de la toile
qui recouvre la pierre par un duvet moelleux,
et de la calotte extérieure par les divers étages

dont il est parlé. Parmi les échancrures qui bordent le pavillon, les unes sont tout-à-fait closes par la continuité de l'étoffe, les autres ont leurs bords simplement superposés, de manière que l'uroctée, soulevant ceux-ci, peut, à son gré, sortir de sa tente et y rentrer. Lorsqu'elle quitte son domicile pour aller à la chasse, elle a peu à redouter sa violation ; car elle seule a le secret des échancrures impénétrables et la clef de celles où l'on peut s'introduire. Lorsque les petits sont en état de se passer des soins maternels, ils prennent leur essor et vont établir ailleurs leurs logements particuliers, tandis que la mère vient mourir dans son pavillon. Ainsi ce dernier est en même temps le berceau et le tombeau de l'uroctée.

Je ne finirais pas, mes chers enfants, si je continuais à vous entretenir de toutes les espèces ; qu'il vous suffise de savoir que, dans notre pays, aux environs de Paris, par exemple, l'araignée, quel que soit son volume, ne peut faire de mal à l'homme. En la regardant de près, sa forme, sa couleur, ne sont pas aussi désagréables qu'on le croit généralement ; dans tous les cas, nous devons avoir quelque égard pour ses talents, son intelligence et son utilité ; car elle nous débarrasse d'un grand nombre de mouches incommodes.

HUITIÈME LEÇON.

ADOLPHE et Zoé avaient tellement été frappés de l'admirable industrie des araignées, ces fileuses infatigables et habiles dont leur père leur avait, en quelque sorte, seulement indiqué les mœurs dans la dernière leçon, qu'ils s'étaient bien promis d'y revenir encore.

— Notre bon père, disait Zoé à Adolphe, craint de nous fatiguer en nous entretenant trop long-temps sur le même sujet; voilà pourquoi il nous dit qu'il lui faudrait des volumes s'il voulait nous raconter l'histoire de toutes les araignées; il nous prend pour ces petits enfants paresseux et incapables d'écouter avec attention des descriptions si amusantes, si instructives, parce que ces animaux ont reçu des noms avec lesquels nous ne sommes pas encore bien familiarisés. Si tu veux, mon frère, nous trouverons un moyen pour l'engager à nous faire connaître encore les autres araignées; car j'en ai vu dans le jardin, le long des murs, sur la terre, sur les arbres, dont il ne nous a pas parlé du tout.

ADOLPHE.

Mais quel moyen? Si papa a autre chose à nous montrer...

ZOÉ.

Le moyen est tout simple : viens dans le jardin, emparons-nous de quelques-unes de ces petites bêtes dont il ne nous a pas parlé, et je le connais, ce cher papa une fois lancé dans la description de celles-là, nous obtiendrons de lui l'histoire de toutes les autres.

Le petit complot de ces chers enfants réussit parfaitement : ils allèrent dans le jardin, et, bien que cela leur donnât quelque peine, ils s'emparèrent avec courage (car leur ancienne répugnance n'était pas encore complètement surmontée) de toutes les petites araignées qu'ils purent attraper sur les arbustes, les plantes, le long des murailles et au bord de la petite pièce d'eau, et munis de ce butin, ils coururent, tout joyeux, em brasser M. de Luçon.

ADOLPHE.

Vois, vois, papa, des araignées dont tu ne nous as pas parlé hier ; que font-elles? comment s'appellent-elles? Regarde cette petite toute ronde, que j'ai prise courant à terre ; son thorax ou corselet est fauve, recouvert d'un duvet soyeux et pourpré, avec son petit ventre ou abdomen, comme tu dis, bleu, vert et rouge ; elle brille comme du métal. Mon Dieu! comme elle est jolie !

M. DE LUÇON.

Je le crois bien : c'est le drasse reluisant ; on le trouve, en effet, aux environs de Paris. Mais nous n'en finirions pas si nous les passions toutes en revue.

ZOÉ.

Et celle ci, papa, que j'ai trouvée sur l'eau ?

M. DE LUÇON.

C'est l'argyronète aquatique ; elle est d'un brun

noirâtre, avec l'abdomen plus foncé et soyeux ; elle a sur le dos quatre points enfoncés.

» Elle vit dans nos eaux dormantes, y nage, et s'y forme pour retraite une coque ovale remplie d'air, tapissée de soie, de laquelle partent des fils dirigés en tous sens et attachés aux plantes des environs. Elle y guette sa proie, y place son cocon, qu'elle garde assidûment, et s'y renferme pour passer l'hiver.

ZOÉ.

Et cette petite...

M. DE LUÇON.

C'est de l'ordre des théridions ; nous en avons un dont on a étudié avec beaucoup de soin les habitudes : c'est le théridion bienfaisant ; il s'établit entre les grappes de raisin, et les garantit de l'attaque de plusieurs insectes. Mais, puisque cela vous intéresse, mes chers enfants, continuons l'histoire des araignées ; j'en ai quelques-unes encore dans ma collection.

Les enfants, enchantés, se regardèrent en souriant. M. de Luçon continua :

» Les épéires d'abord, qui ont les deux yeux de chaque côté rapprochés par paires et presque contigus, et les quatre autres formant au milieu un quadrilatère.

L'épéire cucurbitine est la seule connue dont la toile soit horizontale; celle des autres est verticale ou quelquefois inclinée : les unes s'y placent au centre, le corps renversé ou la tête en bas; les autres se font auprès une demeure, tantôt cintrée de toutes parts, tantôt en forme de tube soyeux. La toile de quelques espèces exotiques est composée de fils si forts qu'elle arrête les petits oiseaux. Ce sont les araignées de ce genre que l'on pourrait cultiver avec le plus d'avantage pour en obtenir de la soie.

Les naturels de la Nouvelle-Hollande et ceux de quelques îles de la mer du Sud mangent, au défaut d'autres aliments, une espèce d'épéire.

ZOÉ.

Quelle horreur !

M. DE LUÇON.

Nous n'en savons rien; c'est peut-être bon. Les épéires sont généralement remarquables par la variété de leurs couleurs, de leurs formes et de leurs habitudes. Tenez, voyez l'épéire-diadème, grande, roussâtre, veloutée. Les femelles ont l'abdomen très-volumineux. Mâles et femelles sont d'un brun foncé ou d'un roux jaunâtre, avec un tubercule gros et arrondi de chaque côté du dos, sur lequel on aperçoit une triple croix formée de petites taches ou de points blancs; les pieds sont tachetés de noir. On trouve cet insecte aux environs de Paris.

» Une autre fort jolie, l'épéire faciée : son corselet est couvert d'un duvet soyeux et argenté ; son abdomen est d'un beau jaune, entrecoupé par intervalles de lignes transverses noires, arquées et un peu ondées. Le savant professeur Walkenaer dit que cette épéire ne se trouve pas dans l'étendue du bassin de la Seine. Cependant un de mes amis (1) l'a rencontrée communément sur les bords des ruisseaux, aux environs du Hâvre. Son cocon, long d'environ un pouce, ressemble à un petit ballon de couleur grise, avec des raies longitudinales noires, et dont une des extrémités est tronquée et fermée par une opercule plate et soyeuse. L'intérieur offre un duvet très-fin, qui enveloppe les œufs.

» Ah! voici la philodrome rhombifère; son corps est long de trois lignes et demie ; il est roussâtre ; les seconds pieds et les deux derniers ensuite sont les plus longs ; le thorax est brun sur les côtés, l'abdomen est ovoïde, et offre en dessous une tache noire ou brune, en losange, et bordée de blanc. Les philodromes courent avec rapidité, les pattes étendues latéralement ; elles épient leur proie, tendent des filets

____

(1) M. Gautier, l'un des auteurs de cet ouvrage.

solitaires pour la retenir, se cachent dans des fentes ou dans des feuilles, qu'elles rapprochent pour faire leur ponte.

» Parmi celles que tu m'apportes, Zoé, je vois la thomise-citron ; elle est d'un jaune citron, avec l'abdomen grand, plus large en arrière, et a souvent sur le dos deux raies ou deux taches rouges, ou couleur de souci ; elle se trouve sur les fleurs. Elles diffèrent des philodromes par leurs chelières ou antennes, proportionnellement plus petites, et par leurs quatre pieds postérieurs, très-sensiblement ou même subitement plus courts que les précédents. Les yeux latéraux sont souvent situés sur des éminences, tandis que ceux des philodromes sont constamment sessiles, c'est-à-dire sans tige ni pédoncule.

» Nous voici arrivés aux lycoses, nom dérivé de loup, en grec. Les lycoses se tiennent presque toutes à terre, où elles courent très-vite ; elles s'y logent dans des trous qu'elles trouvent formés, ou qu'elles ont creusés ; elles en fortifient les parois avec de la soie, et les agrandissent à mesure qu'elles croissent. Quelques-unes s'établissent dans les cavités et les fentes des murs, y font des tuyaux de soie qu'elles recouvrent à l'extérieur de parcelles de terre ou de sable : c'est dans ces retraites qu'elles muent, et qu'elles passent l'hiver, après en avoir fermé l'ouverture ; c'est là aussi que les femelles font leur ponte. Elles emportent, lorsqu'elles vont en course, leur cocon, qui est fixé par des fils à l'anus. Les petits se cramponnent, à leur sortie de l'œuf, sur le corps de leur mère, et y demeurent attachés jusqu'à ce qu'ils soient assez forts pour chercher eux-mêmes leur nourriture. Les lycoses sont très-voraces, et défendent courageusement la possession de leur domicile. Plusieurs espèces se trouvent aux environs de Paris.

ADOLPHE.

Et celle-ci, papa ? Dieu ! qu'elle est grosse !

M. DE LUÇON.

C'est une espèce de cet ordre, la tarentule, ainsi nommée de la ville de Tarente en Italie, aux environs de laquelle elle est commune. Son venin produit des accidents très-graves, suivis souvent même de la mort, ou du tarentisme, qu'on ne peut dissiper que par le secours de la musique et de la danse.

ZOÉ.

Mais est-ce vrai cela, ou est-ce un conte ?

M. DE LUÇON.

Cela a été un peu brodé par les voyageurs; mais il y a du vrai : ceux qui en sont piqués deviennent presque fous. Celle-ci n'est pas si méchante : c'est la lycose à sac, petite, noirâtre ; la carène de son corselet est d'un roux obscur avec une ligne cendrée ; elle a une petite touffe de poils gris à la base supérieure de l'abdomen ; ses pieds sont d'un roux livide, entrecoupé de taches noirâtres ; son cocon est aplati et verdâtre. Elle est très-commune aux environs de Paris.

» Passons au genre myrmécie. L'araignée à chevrons blancs est commune aux environs de Paris ; on la voit sur les murs ou sur les vitres exposées au soleil ; elle marche comme par saccades, s'arrête tout court après avoir fait quelques pas, et se hausse sur les pieds antérieurs. Vient-elle à découvrir une mouche, un cousin surtout, elle s'en approche tout doucement, jusqu'à une distance qu'elle puisse franchir d'un bond, et s'élance tout d'un coup sur l'animal qu'elle épiait. Elle ne craint pas de sauter perpendiculairement au mur, parce qu'elle s'y trouve toujours attachée par le moyen d'un fil de soie, qu'elle dévide à mesure qu'elle avance ; ce fil lui sert encore à se suspendre en l'air, à remonter au point d'où elle était descendue, ou à se laisser transporter par le vent d'un lieu à l'autre. Ces habitudes conviennent, en général, aux espèces de cette division. Plusieurs se construisent, entre des feuilles, sous des pierres, des nids de soie en forme de sacs ovales et ouverts aux deux bouts. Ces arachnides s'y retirent pour

6.

se reposer, changer de peau, et se garantir des intempéries des saisons. Si quelque danger les menace, elles en sortent aussitôt et s'enfuient avec agilité.

» Les femelles se font, avec la même matière, une espèce de tente, qui devient le berceau de leur postérité, et où les petits vivent, pendant quelque temps, en commun avec leur mère.

» Quelques espèces, semblables à des fourmis, élèvent leurs pieds antérieurs, et les font vibrer rapidement. Les mâles se livrent quelquefois à des combats très-singuliers par leur manœuvres, mais qui n'ont aucune issue funeste. Voici les saltiques, qui ont quatre yeux, dont les deux intermédiaires plus gros, en avant du corselet, sur une ligne transverse, et les autres près des bords latéraux, deux de chaque côté.

» Voici le saltique chevronné, long d'environ deux lignes et demie. Il a le dessus du corps noir, ainsi que les bords du corselet; on aperçoit trois lignes en forme de chevrons sur le dessus de l'abdomen, qui est très-blanc. Il est très-commun aux environs de Paris. Voyez le saltique-fourmi, roux, devant du corselet noir, avec des bandes noires et deux taches blanches sur l'abdomen.

ZOÉ.

Oh! quelles pattes celles-ci nous montrent! Ce doivent être les faucheurs.

M. DE LUÇON.

Oui, ou les arachnides trachéennes, qui ont les antennes-pinces saillantes, beaucoup plus courtes que le corps, et les yeux portés sur un tubercule commun, ou petite bosse unique. Leurs pieds sont très-longs, fort menus et détachés du corps. Ils donnent pendant quelques instants des signes d'irritabilité.

» Celui-ci est le faucheur des murailles ; il a le corps ovale et roussâtre ou cendré en dessus, blanc en dessous ; ses palpes sont longs ; on voit deux rangées de petites épines sur le tubercule qui porte les yeux ; il a des piquants sur les cuisses. Le mâle a les antennes-pinces cornues ; une bandes noirâtre à bord festonnés s'étend sur le dos de la femelle.

ZOÉ.

En voici une multitude de toutes petites et de toutes couleurs, pas plus grosses que des pucerons.

M. DE LUÇON.

Ce sont les mites. La plupart de ces animaux sont très-petits ou presque microscopiques ; ils sont dispersés partout. Les uns sont errants, et on les rencontre sous les pierres, les feuilles, les écorces d'arbres, dans la terre, dans les eaux, ou bien sur les provisions de bouche, comme la farine, la viande desséchée, le vieux fromage sec, sur les substances animales en putréfaction; d'autres vivent en parasites, sur la peau ou dans la chair des divers animaux, et les affaiblissent souvent beaucoup par leur excessive multiplication. On attribue même à quelques espèces l'origine de certaines maladies, et particulièrement de la gale humaine; mis sur le corps d'une personne saine, ces insectes lui inoculent le venin de cette maladie. On trouve aussi diverses sortes de mites sur des insectes, et plusieurs coléoptères vivant de substances cadavéreuses ou excrémentielles en sont quelquefois tout couverts. On en a observé jusque dans le cerveau et les yeux de l'homme.

» Les mites sont ovipares et pullulent beaucoup; plusieurs ne naissent qu'avec six pieds, et les deux autres se développent peu de temps après.

» Celles-ci sont les trombidions, qui ont les antennes-pinces en griffes ou terminées par un crochet mobile; ils ont des palpes saillants, pointus au bout, avec un appendice mobile, ou une espèce de doigt sous leurs extrémités; deux yeux situés chacun au bout d'un petit pédicule fixe, et le corps divisé en deux parties, dont la première ou l'antérieure très-petite; ils portent entre les yeux et la bouche la première paire de pieds.

» Voici le trombidion satiné, très-commun au printemps dans les jardins; d'un rouge couleur de rang, il a l'abdomen presque carré, rétréci postérieusement, avec une échancrure, le dos chargé de papilles vélues à leur base, et globuleuses à leur extrémité.

» Regardez les gammases, dont les antennes-pinces sont didactyles, c'est-à-dire divisées en deux, et qui ont des palpes saillants ou très-distincts, en forme de fil.

» On en connaît un surtout, le gammase-tisserand, qui forme sur les feuilles de plusieurs végétaux, particulièrement sur celles du tilleul, des toiles très-fines, et leur nuit beaucoup. Cette espèce est rougeâtre, avec une tache noirâtre de chaque côté de l'abdomen.

» Là encore sont les bdelles, qui ont les palpes alongés, coudés, avec des soies ou des poils au bout ; quatre yeux et les pieds postérieurs plus longs ; leur suçoir est avancé en forme de bec conique ou en alêne. Elles se trouvent sous les pierres, les écorces d'arbres, ou dans la mousse. La bdelle rouge, longue à peine d'une demi-ligne, d'un rouge écarlate, avec les pieds plus pâles, suçoir en forme de bec alongé et pointu, est commune aux environs de Paris.

» Je ne veux pas finir sans vous parler des ixodes que j'ai là dans un autre petit cadre.

» Les palpes des ixodes engaînent le suçoir et forment avec lui un bec avancé, court, tronqué, et un peu dilaté au bout.

» Les ixodes fréquentent les bois fourrés, s'accrochent aux végétaux peu élevés par les deux pieds antérieurs, et tiennent les autres étendus. Ils s'attachent aux chiens, aux bœufs, aux chevaux et autres quadrupèdes, et même aux tortues ; ils engagent tellement leur suçoir dans leur chair qu'on ne peut les en détacher qu'avec force et en enlevant la portion de chair qui lui adhère. Ils pondent une quantité prodigieuse d'œufs par la bouche. Leur multiplication sur un bœuf, un cheval, est quelquefois si grande que ces animaux en périssent d'épuisement. Leurs tarses sont terminés par deux crochets insérés sur une palette, ou réunis à leur base sur un pédicule commun.

» L'ixode-ricin est appelé louvette par ceux qui soignent les chiens de chasse. Il se fixe sur le chien ; il est d'un rouge foncé, avec la plaque écailleuse antérieure plus foncée ; les côtés du corps sont rebordés, un peu poilus ; les palpes engaînent le suçoir.

» Il y a encore l'ixode réticulé, cendré, avec de petites taches et de petites lignes annulaires d'un brun rougeâtre ; les bords de l'abdomen sont striés, les palpes presque ovales ; il s'attache aux bœufs, et a, lorsqu'il est tuméfié, cinq à six lignes de longueur.

» Les argas, autre genre d'ixode, vivent sur les oiseaux, dont ils sucent le sang.

» Les leptes, ayant aussi un suçoir et des palpes apparents, ont le corps très-mou et ovoïde. Le lepte automnal est une espèce très-commune, en automne, sur les graminées et d'autres plantes. Il grimpe, s'insinue dans la peau, à la racine des poils, et occasione des démangeaisons aussi insupportables que celles produites par la gale. On le connaît sous le nom de rouget ; il est, en effet, de cette couleur et très-petit.

ZOÉ.

C'est, sans doute, ce qu'on appelle à Sucy un houtin, petite bête rouge qui entre sous la peau, et dont la démangeaison est insupportable.

M. DE LUÇON.

Justement. Lorsque tu vas cueillir dans les blés des bluets et autres fleurs des champs, tu t'exposes à être atteinte par ces rougets. Une fois entré sous la peau, il n'y a rien à faire qu'à l'en extirper, si on le peut ; car l'ammoniaque, qui détruit si bien le venin du cousin, n'a aucune force contre les rougets.

» Cette fois, mes chers enfants, je crois vous avoir complété ma leçon sur les araignées ; vous n'aurez pas le temps d'aller plus loin, et il nous reste tant de choses intéressantes à apprendre qu'il faut nous contenter de cette dernière description. Vous avez bien fait de me provoquer encore aujourd'hui au sujet de ces curieux insectes, et vous m'encouragez, par votre assiduité à m'écouter, à vous montrer encore d'autres animaux dont les mœurs ne sont pas moins dignes de fixer votre attention.

NEUVIÈME LEÇON.

Quel père n'eût pas été heureux d'avoir des enfants si studieux et si intelligents, qui allaient au-
devant de ses désirs? Ces premiers éléments d'une
science dont les commencements sont si arides,
chargés d'expressions nouvelles pour eux, et difficiles à retenir, loin de les décourager, les intéressaient
de plus en plus. Qu'ils ressemblaient peu à ces pauvres élèves de nos colléges et de nos pensions, qui

n'écoutent pas les leçons qui leur sont données, sous prétexte qu'ils n'y comprennent rien ! Adolphe et Zoé, au contraire, sentaient parfaitement que l'aridité de ces commencements ne pouvait être évitée dans aucune science, dans aucun art ; du reste, ils trouvaient des charmes dans les descriptions simples et concises que M. de Luçon, leur excellent père, savait si bien mettre à leur portée ; ces causeries familières où il les instruisait sans fatigue étaient toujours pour eux l'objet d'un nouveau plaisir.

Aussi, enchantés de connaître déjà les noms de tant d'insectes, dont la forme et la couleur venaient de passer sous leurs yeux, redoublèrent-ils d'instances auprès de M. de Luçon pour qu'il leur montrât encore les cadres et les tiroirs de son cabinet, tout garnis d'insectes et de divers animaux curieux.

— Je le veux bien, leur disait M. de Luçon, mais vraiment je crains de voir toutes mes descriptions s'embrouiller dans vos petites têtes.

ADOLPHE.

Oh ! je t'assure que non, cher papa ! j'ai tout présent à la mémoire comme si tu venais de me l'expliquer tout à l'heure.

ZOÉ.

Et moi , j'ai pris mes précautions, j'ai écrit tout

ce que j'ai pu retenir, et je te communiquerai mes notes, cher papa, pour que tu les rectifies.

M. DE LUÇON.

C'est fort bien ! mais vos autres leçons, je parie bien que vous les négligez.

ZOÉ.

Non, vraiment ; d'ailleurs je craindrais d'être punie par ma maîtresse. Tout a marché de front. Ainsi aujourd'hui je n'ai qu'à repasser toutes les leçons de la semaine ; mes fables, par exemple, que je sais sur le bout du doigt, depuis la Cigale et la Fourmi jusqu'à...

M. DE LUÇON.

Tu parles de cigale : sais-tu bien ce que c'est ?

ADOLPHE.

Ce n'est pas difficile.

M. DE LUÇON.

Voyons, monsieur l'entomologiste.

ADOLPHE.

C'est une sauterelle, tout bonnement.

M. DE LUÇON.

Tu le crois ainsi, et tu as raison, s'il faut s'en rapporter à la gravure de la fable de La Fontaine, telle que tu l'as vue dans une ancienne édition : car on y représente à tort une de ces sauterelles que les entomologistes appellent locustaires, et non une cigale. Ce dernier genre d'insectes ne se trouve que dans le midi de la France, tandis que la sauterelle représentée dans la gravure se rencontre dans nos prairies, où les locustaires se tiennent de préférence. On les y voit pendant toute la belle saison, mais ce n'est qu'à la fin de l'été qu'on peut les prendre à l'état parfait. Les paysans font comme l'auteur de la gravure, ils les prennent pour des cigales à cause d'une forte stridulation que font entendre les mâles.

» Les sauterelles ou locustaires font moins de tort à l'agriculture que les acridites ou criquets, dont les dommages sont incalculables.

» La grande sauterelle verte a deux pouces de long ; elle est sans tache ; la tarière de la femelle est droite. Il en est une autre, un peu moins longue, qui a des taches brunes ou noirâtres sur les étuis. La femelle, dont la tarière est recourbée, est remarquable par l'utilité que les paysans suédois tirent de sa morsure ; ils lui attribuent la vertu de guérir les verrues ; la liqueur noire et bilieuse qu'elle dégorge dans la plaie fait sécher et disparaître les excroissances cutanées, ou durillons de la peau.

ZOÉ.

Tu nous disais tout à l'heure que d'autres espèces de sauterelles étaient plus nuisibles : quelles sont elles ?

M. DE LUÇON.

Je vais te le dire : ce sont les acridites ou criquets. Cette famille est bien distincte des locustaires ou sauterelles : un corps plus épais, des pattes postérieures plus robustes en général, la largeur de la poitrine, servent à la faire reconnaître. Ces insectes sautent plus promptement et plus haut que les sauterelles, au moyen de leurs pattes postérieures, qui, d'une élasticité admirable, leur donnent aussi, par leur longueur, la facilité de s'élancer à une grande distance. On sait qu'il faut une force prodigieuse pour exécuter le mouvement d'extension qui leur est propre ; aussi ces pattes sont-elles garnies de très-forts muscles. Mais cette organisation ne favorise pas ces insectes dans la marche : celle-ci est pénible, embarrassée et lourde ; ce qui est le propre de tous les animaux qui ont les pattes de derrière beaucoup plus longues que celles de devant, et qui, par cette raison, ne se servent guère de leurs pattes que pour sauter.

» Les femelles n'ont pas cette tarière qui dans les sauterelles, est ordinairement très-apparente et fort prolongée ; cet organe est ici remplacé par les quatre pièces terminales qui se trouvent à l'extrémité de l'abdomen, et qui servent, sans doute, à l'insecte pour introduire ses œufs dans la terre.

» Chez les sautreelles l'organe de la stridulation est placé à la base des élytres. Les mâles des criquets sont privés de cet appareil, et le son qu'ils font entendre est produit par le frottement des cuisses postérieures contre les élytres. L'insecte approche alors la jambe contre la cuisse, et les tenant appliquées l'une contre l'autre, il imprime à la cuisse un mouvement très-rapide en la frottant avec l'élytre ; ce qu'il fait tantôt avec la patte droite, tantôt avec la gauche. On trouve dans l'intérieur du corps une cavité double qui contribue beaucoup à relever le son que l'insecte fait entendre et à en augmenter la ré-sonnance. Comme toute l'antiquité, le vulgaire de nos jours confond, sous le même nom de sauterelles, les insectes que les naturalistes partagent maintenant en deux familles distinctes, les locustaires et les acridites.

» Tous les auteurs qui ont eu à faire l'histoire des

sauterelles ont parlé des ravages qu'elles ont de tout temps, et trop souvent, causés dans quelques contrées. L'Orient, l'Afrique septentrionale, le midi de l'Europe, toute l'Inde et la Chine ont eu et ont encore fréquemment à souffrir de ce fléau. Ce qui paraît le plus étonnant dans ces apparitions terribles, c'est la multitude incroyable de ces insectes, qui, semblable à une nuée poussée par les vents, obscurcit le ciel sur son passage. L'action des vents pour transporter ces armées de sauterelles ne saurait être mise en doute : leurs organes du vol ne leur permettraient pas seuls de faire de longues routes sans se poser à terre ; et pourtant elles traversent quelquefois de vastes étendues de mer.

» En 1811, un vaisseau, retenu par le calme à deux cents milles des îles Canaries, fut tout-à-coup, après qu'un léger vent du nord-est eut commencé à souffler, enveloppé par un nuage de ces insectes, qui, s'abattant sur le navire, en couvrirent le pont et les hunes.

» On ignore la loi naturelle suivant laquelle ces insectes sont ramassés à un certain moment, et emportés par une trombe de vent qui les conduit là où il leur plaît de descendre. Leur volonté ou instinct paraît y être pour quelque chose ; autrement on ne pourrait guère expliquer une marche de ce genre ; et c'est là, sans doute, ce qui les a fait mettre par Salomon, ce roi célèbre par sa justice et par ses égarements, dont nos livres saints nous racontent la vie, au rang des quatre animaux auxquels il accorde la sagesse. Moïse, qui, lui aussi, en a parlé, les classe parmi les animaux à quatre pieds qui n'étaient pas regardés comme impurs, et dont il était, par conséquent, permis de manger. Lorsque ces fatales apparitions de sauterelles arrivent dans un pays, il s'ensuit presque aussitôt une dévastation de la contrée. Elles attaquent même l'écorce des arbres; quand elles n'ont pas d'herbes tendres ni de feuilles à manger, elles dévorent les toits de chaume des habitations. Suivant une lettre reçue de Chine en 1835 et rapportée dans les Annales de la société entomologique de France, les récoltes mises à l'abri sont souvent en partie dévorées, excepté toutefois le sésame, le dolichos et le blé sarrasin, auxquels ces insectes ne touchent pas. Cette lettre ajoute que s'il y avait des pays inondés où il n'y eût pas de récoltes à dévorer, ils entraient dans les maisons et mangeaient les habits, les bonnets, etc.

» Ce dernier fait, s'il est exact, semblerait indiquer que les sauterelles peuvent se nourrir de produits végétaux manufacturés par l'art.

» On s'est efforcé dans tous les temps, là où le fléau des sauterelles est souvent à craindre, de chercher les moyens de s'en préserver. Indépendamment des prières et des sacrifices que les anciens offraient aux dieux, ils prenaient des mesures de police pour la destruction de ces insectes, soit à l'état parfait, soit à l'état d'œuf, afin d'empêcher leur reproduction l'année suivante. On employait des soldats, des légions pour aller les recueillir dans des sacs et les brûler, ou les enterrer ensuite ; car on avait à craindre non-seulement la famine par suite de la dévastation des récoltes, mais encore la peste par l'infection que répandaient leurs cadavres.

» On dit que, l'an 800, ces insectes, après avoir été entraînés dans la mer, furent rejetés morts sur la côte, et répandirent une odeur aussi funeste qu'auraient fait les cadavres d'une nombreuse armée. Un voyageur anglais, Barrow, rapporte que, dans le sud de l'Afrique, en 1787, ces insectes couvrirent le sol sur une étendue de deux milles carrés, et que, poussés dans la mer par un vent violent, ils formèrent près de la côte un banc de trois à quatre pieds de hauteur, sur une longueur de cinquante milles ; qu'ensuite le vent étant venu à changer, l'odeur de putréfaction se fit sentir à cent cinquante milles.

» M. Solier a donné, dans les Annales de la société d'entomologie de France, une statistique assez curieuse des dépenses faites dans quelques communes du midi de la France, depuis plusieurs siècles, pour la destruction des sauterelles. En 1613, la ville de Marseille dépensa 20,000 fr., et celle d'Arles 25,000 f., pour leur faire la chasse. Ces dépenses se sont successivement renouvelées depuis, d'année en année,

Les Insectes.

dans une proportion plus ou moins considérable. On payait et on paie encore 25 centimes aux personnes qui apportent deux livres de ces insectes, et 50 centimes pour le même poids d'œufs. La chasse commence au mois de mai ; presque toute la population de certains villages y est employée. On se sert d'un drap de grosse toile dont les coins sont tenus par quatre personnes ; deux marchent en avant en faisant raser le sol par le bord du drap ; les insectes, en fuyant, sautent sur le drap étendu, et, ainsi recueillis, sont jetés dans des sacs. On s'est aussi servi quelquefois avec avantage de l'espèce de filet en forme de sac placé au bout d'un bâton, dont les entomologistes font usage pour recueillir des insectes sur la tige des plantes. Il ressemble assez à votre lanet. La ponte se fait, en général, dans le mois d'août ; mais beaucoup de femelles ne la font qu'en septembre, et même en octobre. La femelle pratique un trou dans la terre pour y déposer ses œufs, qui ne devront éclore que l'année suivante. Le tube qui les renferme est à peu près cylindrique, d'environ un pouce et demi de long, sur trois ou quatre lignes de diamètre ; il est glutineux, garni d'une légère couche de terre, et placé dans une position ordinairement horizontale. Chacun de ces tubes paraît contenir de cinquante à soixante œufs, et ils se rencontrent principalement dans des terrains incultes, dans les lieux où la terre à le moins d'épaisseur.

» On voit dans les anciens auteurs que, pour détruire ces œufs, on prit quelquefois le parti de fou-
ler fortement la terre à l'aide de chariots que l'on
faisait passer et repasser sur la place.

» Quoique ce moyen fût moins sûr que l'enlève-
ment même des œufs, il semble néanmoins qu'il valait
mieux, pour prévenir l'éclosion des insectes, que celui dont on a fait quelquefois usage dans de grandes
apparitions de sauterelles. Pour se délivrer de leur
présence, on se répandait en troupes nombreuses
dans les campagnes, en sonnant de la trompette, ou
même en tirant le canon pour les chasser de la
contrée.

» Tous les auteurs s'accordent à dire que ce sont
les acridites principalement qui, par leur migration
à travers les airs et leur multiplication effrayante,
sont la cause des dévastations qui désolent tant de
pays agricoles sur la surface du globe. Sans doute
les locustaires y contribuent pour leur part, mais, à
ce qu'il paraît, dans une proportion qui resterait
insensible sans la présence de la multitude incom-
parablement plus grande des acridites.

» C'est seulement après les conquêtes d'Alexandre
dans l'Asie que les Grecs ont commencé à faire men-
tion de l'usage où sont les peuples orientaux de se
faire un mets des sauterelles, et du bon goût même
qu'ils paraissent y trouver. Tous nos voyageurs en
ont parlé depuis, et tous ont été d'accord avec les

Grecs sur ce point, que ce mets ne leur avait semblé rien moins qu'agréable quand ils en avaient mangé ; mais, en revanche, les Orientaux, dit-on, les Arabes notamment, ne mangent point d'animaux à coquille ou à carapace, comme crabes, etc., et s'étonnent, de leur côté, du goût que nous manifestons y trouver. Les sauterelles, en Orient, se mangent tantôt bouillies, cuites avec du beurre, après qu'on leur a ôté les ailes et les pattes ; tantôt simplement rôties sur les charbons avec du sel : on en voit abondamment dans les marchés publics, et cet aliment forme, dans toute l'Asie, un objet de commerce assez important.

» Les Hottentots, en Afrique, en font aussi un grand usage, et c'est une joie pour eux quand ils voient arriver le temps de l'apparition de ces insectes. Toute l'antiquité a parlé des peuples acridophages ou mangeurs de sauterelles. Ils creusaient un vaste trou dans la terre, et y entassaient des feuillages, auxquels ils mettaient le feu ; la fumée, en s'élevant dans l'air, y faisait tomber les nuées de sauterelles qui passaient par-dessus.

» Mais cette nourriture, ajoute-t-on, les rendait faibles et maigres ; puis, quand une vieillesse précoce arrivait, il leur sortait du corps une multitude de vers, une vermine ailée, qui les dévorait et les faisait mourir au milieu des plus vives souffrances.

» Le voyageur Sparrenann dit, au contraire, que les mets de sauterelles engraissent les Hottentots.

» Plusieurs espèces appartenant au genre œdipode se trouvent dans les environs de Paris.

» Ce sont : le criquet à ailes rouges, d'un brun foncé ou noirâtre, ayant corselet en carène, ailes rouges avec l'extrémité noire ;

» Le criquet à ailes bleues, dont les ailes sont d'un bleu un peu verdâtre, avec une bande noire.

» En voilà assez sur l'histoire des acridites et des sauterelles ; nous allons maintenant nous occuper des coléoptères, ces petits animaux à élytres ou ailes dures, remarquables dans leur instinct, et dont je vous ai déjà dit un mot. »

DIXIÈME LEÇON.

A quelques jours de là, Adolphe et Zoé, se pro-
menant avec M. de Luçon autour des murs du joli
parc de M. Baudry, riche propriétaire de Paris qui
habite, durant une partie de l'année, un ancien châ-
teau de Sucy appelé le fief de Haute-Maison, ren-
contrèrent sous leurs pas une multitude de ces petits
coléoptères, insectes à ailes dures, dont M. de Luçon leur avait déjà parlé; ils voulurent en prendre
quelques-uns, et y parvinrent, non sans peine; Zoé
surtout, qui ne pouvait se défendre d'une certaine

appréhension lorsqu'il fallait hardiment mettre la main sur le petit animal, les voyait s'échapper de ses doigts plus souvent qu'elle ne les saisissait. Quant à Adolphe, c'était un brave, qui, du reste, ne manquait pas de prudence et d'adresse : il jetait son mouchoir sur l'insecte, et s'en emparait ensuite sans péril, en le tenant serré par le dos par-dessus le mouchoir. De cette façon, il évitait tout danger d'être piqué, mordu ou sali par le petit animal.

— Papa, papa, dit-il en courant vers M. de Luçon, en voici un qui me fait courir depuis un quart d'heure : il marche comme un démon, et, aussitôt qu'on approche, il s'envole. Je le tiens dans mon mouchoir ; tiens, regarde : qu'il est joli et d'un beau vert bronzé !

M. DE LUÇON.

C'est, en effet, un coléoptère ; c'est la cicindèle. Prends garde, elle doit avoir au bout des mâchoires un onglet qui est articulé par sa base.

» Voyez quelle tête, quels gros yeux ; ses mandibules sont très-avancées et très-dentées.

» Elle est d'un beau vert foncé, mélangé de couleurs métalliques et brillantes, avec des taches blanches sur les étuis ; cette sorte d'insectes fréquente les lieux secs, exposés au soleil, comme celui-ci, qui est le plateau le plus élevé de la montagne de Sucy.

ZOÉ.

Ces animaux ont-ils, comme les autres insectes, subi une métamorphose ?

M. DE LUÇON.

Sans doute, après avoir été œufs et larves, ils changent de peau, deviennent nymphes et arrivent enfin à l'état parfait où tu les vois.

» Les larves des deux espèces indigènes, les seules qui aient été observées, se creusent dans la terre un trou cylindrique, assez profond, se servant de leurs mandibules et de leurs pieds pour le déblayer ; elles chargent le dessus de leur tête de faibles parties des petits monceaux de terre qu'elles ont détachés, se retournent, grimpent peu à peu en se cramponnant aux parois intérieures de l'habitation, et se reposant par intervalles ; arrivées à l'orifice du trou, elles rejettent leur fardeau. Lorsqu'elles sont en embuscade, la plaque de leur tête ferme exactement, et au niveau du sol, l'entrée de leur cellule ; elles saisissent leur proie avec les mandibules, s'élancent quelquefois sur elle, et la précipitent au fond du trou. Leur voracité s'étend jusqu'aux autres larves de leur propre espèce. Elles bouchent l'ouverture de leur de-

7..

meure lorsqu'elles doivent échanger de peau ou se métamorphoser en nymphe.

ZOÉ.

Cette cicindèle est-elle la seule que nous ayons en France?

M. DE LUÇON.

Non, mon enfant : nous avons encore la cicindèle champêtre, longue d'environ six lignes, d'un vert pré au-dessus, avec la livrée blanche faiblement dentée au milieu, et cinq points blancs sur chaque élytre. On la trouve aussi aux environs de Paris.

» Il y a encore la cicindèle hybride, qui a sur chaque élytre deux taches en croissant et une bande blanche, une de ces taches située à la base extérieure, et l'autre au bout; elle est cuivreuse et se trouve dans les sablonnières.

» Une autre espèce, de notre pays, la cicindèle germanique, a une forme plus étroite et plus alongée ; elle ne s'envole pas, ainsi que les précédentes, dès qu'on veut la saisir, mais s'échappe sous les doigts, en courant très-vite.

» Voici de petites bêtes curieuses : ce sont les brachines ; ils ont l'abdomen en carré long, renfermant une liqueur caustique et volatile, que l'animal fait sortir à volonté avec détonation ; on ne leur remar-

que pas de cou ; ils ont les tarses simples, le corselet étroit, les élytres tronqués. Ces insectes habitent
sous les pierres, dans les lieux secs et chauds, et
souvent en grand nombre ; lorsqu'ils sont poursuivis
par leurs ennemis, ou qu'on les touche, ils font
sortir par l'anus, et avec explosion, une fumée
bleuâtre d'une odeur pénétrante, et assez corrosive
pour noircir les doigts de l'observateur, et même,
si l'espèce est assez grande, pour brûler avec douleur ; ils peuvent répéter ces explosions huit ou
dix fois de suite, à de courts intervalles.

» Le brachine-pétard, long de quatre lignes à quatre lignes et demie, est de couleur fauve ; ses élytres
sont d'un noir bleuâtre, avec nuances de vert-bleuâ-
tre clair.

» Le brachine-pistolet, plus petit, long de deux à
trois lignes, est de couleur fauve ; ses antennes
n'ont point de taches ; ses élytres sont d'un noir
bleuâtre ; jusque près du milieu des élytres, le dessous du corps est d'un rouge ferrugineux.

» Il y a encore des coléoptères-serricornes, qui ont
quatre palpes, les antennes filiformes, c'est-à-dire
d'une égale épaisseur, ou ayant la forme d'un fil,
mais ordinairement dentées en scie, en peigne ou
en panache ; les élytres couvrent l'abdomen.

» Une autre espèce de coléoptères, appelés élatérides, a le stylet postérieur de l'avant-sternum terminé en pointe comprimée latéralement et souvent

un peu arquée et uni dentée, s'enfonçant, au gré de l'animal, dans une cavité de la poitrine située immédiatement au-dessous de la naissance de la seconde rangée de pieds : c'est là ce qui est d'un grand secours à ces insectes pour sauter, lorsqu'ils sont sur le dos, et se remettre sur leurs pattes.

» En voici un qu'on appelle taupin, dont le corps est généralement étroit et alongé ; les angles postétérieurs du corselet se prolongent en pointe aiguë, en forme d'épine.

» On les a nommés, en français, scarabées à ressort ; couchés sur le dos, et ne pouvant se relever à raison de la brièveté de leurs pieds, ils sautent, comme nous l'avons dit de l'espèce précédente, et s'élèvent perpendiculairement en l'air jusqu'à ce qu'ils retombent dans leur position naturelle. Les côtés de la poitrine sont distingués par une rainure où ces insectes logent, en partie, leurs antennes ; celles-ci sont en peigne ou en longues barbes dans plusieurs môles.

» Les taupins se tiennent sur les fleurs, les plantes, et même à terre, ou sur le gazon ; ils baissent la tête en marchant, et, quand on les approche, ils se laissent tomber à terre, en appliquant leurs pieds sous le dessous du corps.

» Leur nombre est considérable. Il y a en Amérique le taupin-cucujo, long d'un pouce, d'un brun obscur, avec un duvet cendré, ayant une tache jaune, ronde, convexe, luisante de chaque côté du corselet, près de ses angles postérieurs. Ses taches répandent, pendant la nuit, une lumière très-brillante, qui permet de lire l'écriture la plus fine, surtout si on réunit plusieurs de ces insectes dans le même vase. C'est à cette lueur que les femmes font leur ouvrage; elles le placent aussi comme ornement dans leurs coiffures pour leurs promenades du soir. Les Indiens les attachent à leurs chaussures, afin d'éclairer leur marche dans leurs voyages nocturnes. Nos colons l'appellent mouche lumineuse, et les sauvages cucuyos; de là ce nom espagnol, cucujo. Un insecte de cette espèce, transporté à Paris dans du bois, a excité, par la lumière qu'il jetait, la surprise de plusieurs personnes, témoins de ce phénomène inconnu pour elles.

» On trouve aux environs de Paris un autre taupin appelé le taupin germanique; il est long de six lignes environ, d'un bronzé luisant par-dessus, d'un noir bronzé en dessous ; les antennes du mâle sont légèrement en scie, et les élytres striés et pointillés.

» Il faut mettre dans cette classe la famille des lamellicornes, qui offre des antennes insérées dans une fossette profonde, sous les bords latéraux de la tête, toujours courtes, de neuf à dix articles le plus souvent, et terminées, dans tous, par une massue, ordinairement composée des trois derniers articles, qui sont en forme de lames, tantôt disposés en évantail ou à la manière des feuillets d'un livre, s'ouvrant et se fermant de même, quelquefois contournés et s'emboîtant concentriquement.

» Cette famille est très-considérable et une des plus belles des insectes coléoptères, sous le rapport de la grandeur du corps, de la variété de la forme, du corselet et de la tête. Les larves ont le corps long, presque demi-cylindrique, mou, souvent ridé, blanchâtre, divisé en douze anneaux ; la tête est écailleuse, armée de fortes mandibules ; elles ont six pieds écailleux, et neuf stigmates des deux côtés du corps. Son extrémité postérieure est plus épaisse, arrondie, et presque toujours courbée en dessous, en sorte que ces larves, ayant le dos convexe ou arqué, ne peuvent s'étendre en ligne droite, marchent mal sur un plan uni et tombent à chaque instant à la renverse ou sur le côté. On peut se faire une idée de leur forme par celle de la larve si connue des jardiniers, sous le nom de ver blanc, qui est celle du hanneton ordinaire. Ces larves ne se changent en nymphes qu'au bout de trois ou quatre ans ; elles se forment dans leur séjour, avec de la terre ou les débris des matières qu'elles ont rongées, une coque ovoïde, en forme de boule alongée, dont les parties sont liées avec une substance glutineuse qu'elles font sortir de leur corps. Elles ont pour aliments les bouses, le fumier, le terreau, le tan, les racines des végétaux , souvent même de ceux qui sont nécessaires à nos besoins, d'où résultent pour le cultivateur des pertes considérables. On trouve assez communément aux environs de Paris des insectes de cette famille , au milieu des ordures et des excréments des animaux.

» Le bousier lunaire, qui est long de huit lignes, noir très-luisant , avec la tête échancrée au bord antérieur, porte une corne élevée , plus longue et pointue dans le mâle , courte et tronquée dans la femelle.

» Le géotrupe stercoraire est d'un noir luisant ou d'un vert foncé en dessus, violet ou d'un vert doré en dessous ; il a un tubercule sur le vertex, des raies pointillées sur les élytres, avec les intervalles lisses ; deux dentelures à la base des cuisses postérieures.

» Le géotrupe printanier, plus court que le précédent , se rapproche de la forme hémisphérique ; il est d'un noir violet ou bleu ; ses antennes sont noires, et ses élytres lisses.

» Le hanneton ordinaire est noir, velu ; les antennes, le bord antérieur du chaperon , les élytres et la majeure partie des pieds sont d'un bai rougeâtre. Le corselet, un peu dilaté , a une marque bien distincte vers le milieu de ses bords latéraux ; des taches triangulaires blanches se remarquent sur les côtés de l'abdomen.

» Le cétoine dorée, long de neuf lignes, d'un vert doré, brillant en dessus, d'un rougé cuivreux en dessous, avec des taches blanches sur les élytres, se voit souvent sur les fleurs, surtout sur celles du rosier et du sureau.

ZOÉ.

Ainsi le hanneton, qui nous amuse tant, est un coléoptère.

M. DE LUÇON.

Oui, mon enfant, c'est un coléoptère parfait, qui peut nous donner une idée de la forme de tous les insectes de cette famille, à élytres durs, à ailes repliées dans cet étui; c'est le souffre douleur des enfants, qui lui font endurer mille tortures, comme tu dis, pour s'amuser; ce qui est atroce : car les petits méchants qui lui arrachent une patte, qui lui enfoncent des épingles dans le corps, ne savent pas ce qu'il souffre; ces pauvres animaux pourtant endurent des douleurs semblables à celles que nous supportons nous-mêmes.

ADOLPHE.

Est-ce qu'ils ne souffrent pas autant que nous lorsqu'on les mutile ainsi ?

M. DE LUÇON.

Comme je ne vous ai pas élevés à faire souffrir inutilement les animaux, et que vous avez tous deux un bon cœur, je peux vous dire cela en confidence ; car je suis sûr que vous n'en abuserez pas, vous, mes chers enfants. Les insectes à sang blanc, à sang froid, ne souffrent pas autant que les vertébrés, à sang chaud, d'une blessure, des suites d'un accident d'un combat qui leur fait perdre une jambe, une pince. Il en est de même des crustacés, à qui, je crois vous l'avoir déjà dit, repousse la patte ou la pince perdue ; on pense même, autant qu'il est possible de l'assurer, que l'insecte qu'on a traversé tout vivant avec une épingle, en le perçant de part en part au milieu du thorax, ne souffre qu'à l'endroit traversé ; qu'ainsi cloué, il peut vivre quelque temps, si on lui donne la nourriture convenable. La faim l'emporte-t-elle sur la douleur, je l'ignore ; quoiqu'il en soit, il ne laisse pas de manger.

ZOÉ.

C'est égal, c'est affreux de les tourmenter ainsi ; et d'ailleurs est-on bien sûr qu'ils ne souffrent pas ?

M. DE LUÇON

Tu as raison ; et, dans le doute, il faut éviter ces cruautés bien inutiles, puisqu'on peut les asphyxier, soit par-dessus la vapeur de l'eau bouillante, soit dans l'esprit de vin, ce qui est bien plus prompt, et je dirai même plus charitable.

» Nous finissons ici l'histoire abrégée de nos insectes. J'ai voulu seulement vous donner une idée générale de toutes ces petites bêtes que nous rencontrons sous nos pas ; quand vous serez plus instruits, je mettrai dans vos mains des ouvrages complets d'entomologie. Ce que vous avez appris avec moi dans nos dix leçons précédentes vous aidera à mieux comprendre les descriptions plus savantes des auteurs célèbres qui se sont occupés de cette science si utile dans toutes les classes de la société. »

—Mes chers enfants, disait un jour M. de Luçon à
Zoé et à Adolphe, qui se trouvaient dans son cabinet,
si nous avions mis de l'ordre dans la description des
insectes que j'ai fait passer sous vos yeux dans nos
dix leçons, j'aurais pu commencer par les plus petits
des petits êtres invisibles, qui se trouvent dans le
vinaigre, dans l'eau croupie, dans la farine, dans le
fromage, et même dans la sécrétion qui entoure vos
dents, lorsque vous n'avez pas le soin de les nettoyer,
et dans d'autres substances, et surtout dans celles qui

sont corrompues. Ces petits animaux ne se voient qu'à l'aide du microscope, et s'appellent cirons.

» Bien qu'ils aient des corps organisés comme les autres insectes, ils n'ont pas le corps divisé en trois parties. Ce ne sont plus des insectes proprement dits, mais plutôt des animalcules. Nous les avons négligés, bien qu'ils soient des plus curieux, et qu'un savant, M. Dujardin, ait fait sur ce sujet un ouvrage remarquable ; mais il fallait bien en finir. Je ne veux pas qu'il en soit ainsi d'autres animaux que vous pourriez, par erreur, classer au nombre des insectes et qui n'appartiennent plus à cet ordre ; je veux parler des reptiles grands et petits, qui sont de cette classe des vertébrés qui n'ont ni poils, ni plumes, ni mamelles.

ZOÉ.

Ainsi nous avons fait nos adieux à ces pauvres petits insectes que j'aimais tant ; il n'y en a donc plus à décrire.

M. DE LUÇON.

Je te l'ai déjà dit, má chère enfant, au lieu de dix leçons, j'aurais pu vous en faire mille : le savant M. de Walkenaer n'a-t-il pas publié six volumes pour l'histoire des araignées seulement ? Non, ce n'est pas fini : nous n'avons fait qu'un abrégé sur quelques insectes ; mais il fallait savoir se borner , ménager vos petites têtes , et vous laisser le temps nécessaire pour vos autres études.

ADOLPHE.

Passons donc aux reptiles. Je sais que ce mot veut dire ramper à terre , et je ne suis pas fâché de voir un peu la vie de ces vilaines bêtes, les crapauds et les serpents, que je n'aime pas du tout.

M. DE LUÇON.

Ils ne sont pas tous dangereux , surtout dans nos pays; mais oecupons-nous d'abord de leur organisation particulière.

» Ainsi que je vous le disais tout à l'heure, la classe des reptiles se compose de tous les animaux vertébrés dépourvus de poil, de plumes et de mamelles ; ces animaux aspirent l'air atmosphérique, au moins dans leur état adulte, au moyen de poumons placés dans l'intérieur de leurs corps.

» Ils se rapprochent des poissons, parce qu'ils ont, comme eux, le sang froid, c'est-à-dire que leur température est toujours à peu près en équilibre avec celle des endroits qu'ils habitent; mais ils se distinguent des poissons par leur respiration aérienne.

» Les reptiles ont un cœur, une ou deux oreillettes;

mais ils n'ont jamais qu'un seul ventricule ; ce ventricule n'envoie dans le poumon, à chaque contraction, qu'une portion du sang qu'il a reçu des diverses parties du corps, et le surplus retourne à ces parties sans avoir passé par le poumon et sans avoir subi l'action de la respiration. Il résulte de là que l'action de l'oxygène, cet air vital indispensable à la vie, est moindre chez les mammifères et les oiseaux.

» Comme c'est la respiration qui donne au sang sa chaleur, et à la fibre musculaire sa susceptibilité de recevoir l'irritation nerveuse, les reptiles ont le sang froid, et les forces musculaires moindres, en général, que chez les mammifères et les oiseaux ; aussi n'exercent-ils guère que les mouvements de ramper et de nager, et, quoique plusieurs sautent et courent fort vite en certains moments, leurs habitudes sont généralement paresseuses, leur digestion extrêmement lente, leurs sensations obtuses, et, dans les pays froids ou tempérés, ils passent presque tout l'hiver en léthargie. Leur cerveau est proportionnellement très-petit. Ils continuent de vivre et de produire des mouvements spontanés, et leurs muscles conservent leur irritabilité bien long-temps après avoir perdu le cerveau, et même quand on leur a coupé la tête ; leur cœur bat plusieurs heures après qu'on le leur a arraché, et sa perte n'empêche pas le corps de se mouvoir encore ; il arrive même qu'ils reproduisent quelques-unes des parties qui leur sont enlevées : les lézards qui ont perdu leur queue en acquièrent une nouvelle, et les salamandres recouvrent leurs pattes. Une autre particularité qui tient encore au peu d'activité de leur vie, c'est la facilité avec laquelle ils supportent de longs jeûnes, facilité telle qu'on a vu des crocodiles et des tortues passer près d'un an sans prendre de nourriture. A l'exception de quelques espèces qui ont les yeux très-petits et tout-à-fait cachés sous la peau, et par conséquent sans usage, les reptiles jouissent des cinq sens. Celui de la vue est, en général, le plus développé, et la plupart voient de fort loin ; leur ouïe paraît moins parfaite. Leurs narines sont peu étendues, et l'odorat doit être faible ; il en est de même du goût : aucune espèce n'a de lèvres charnues ; la langue est habituellement petite et mince, et cet organe est plutôt de préhension que de dégustation. Ils se nourrissent, en général, de substances animales, engloutissent leur proie vivante et l'avalent sans la mâcher ; la digestion commence dès l'œsophage, et se continue avec lenteur dans l'estomac et les intestins. Le toucher n'est pas moins obtus que le goût et l'odorat : les écailles dont le corps est couvert dans la plupart émoussent considérablement la sensation. Quant à la peau nue et muqueuse de plusieurs, elle doit être, sans doute, le siége d'un tact passif assez délicat ; mais tous sont également mal partagés sous le rapport du toucher actif : les membres ne servent guère qu'au mouvement.

» Quoiqu'on puisse trouver des reptiles réunis en troupes plus ou moins nombreuses, ils ne forment jamais entre eux, excepté pour la reproduction de leur espèce, de véritable association ; aucun ouvrage, aucune chasse, aucune guerre, faits en commun ; rien, en un mot, qui semble concerté ne résulte de leur attroupement. Jamais non plus ils ne se construisent d'asile, et lorsqu'ils en choisissent sur des rivages, dans des rochers, dans des trous d'arbres, c'est une retraite purement individuelle, où ils ne veulent que se cacher et à laquelle ils ne changent rien.

» Quels que soient leur défaut d'intelligence et leur férocité, les reptiles peuvent cependant être apprivoisés et rendus familiers.

» On distingue parmi les reptiles les ophidiens ou serpents, dont le cœur a deux oreillettes, et dont le corps, revêtu d'écailles, est dépourvu de membres; et les batraciens ou crapauds, dont le corps est revêtu d'une peau nue et muqueuse. Parmi ceux-ci, les uns ont quatre membres, d'autres, deux seulement; d'autres enfin en sont tout-à-fait privés : c'est dans cet ordre seulement que l'on observe la métamorphose.

» Nous ne décrirons que les reptiles des environs

de Paris ; mais je vous dirai quelques mots sur les autres.

Commence par le lézard, mon cher papa, ce petit animal si vif que je ne sais comment le saisir, et dont j'ai un peu peur.

Un peu ! beaucoup...

Ceux que nous voyons autour de nous, les lézards gris surtout, ne sont point dangereux ; ils sont même ordinairement très-familiers. Disons d'abord, en général, que les lézards ont le corps alongé, la marche rapide ; leur quatre pieds ont cinq doigts armés d'ongles séparés, inégaux, arrondis, surtout ceux de derrière.

» Les reptiles ne couvent jamais leurs œufs ; la plupart les abandonnent, après les avoir déposés dans un lieu convenable ; quelques-uns les portent avec eux jusqu'à l'éclosion des petits. Les animaux de cette classe ne présentent d'ailleurs pas moins de variétés dans la manière dont ils se propagent que dans celle dont ils exercent leurs autres fonctions.

Leurs œufs sont revêtus d'une coque dure et calcaire comme celle des oiseaux.

» Les petits, au moment où ils naissent, paraissent le plus souvent avec la forme qu'ils doivent conserver toute leur vie ; mais d'autres fois ils sont, à cette époque de leur existence, organisés à peu près comme les poissons , et ne se développent entièrement qu'au bout d'un certain temps , en subissant une véritable métamorphose ; dans tous les cas, leur accroissement est fort lent, et leur vie généralement très-longue.

ZOÉ.

Y a-t-il beaucoup de ces sortes d'animaux ?

M. DE LUÇON.

Le nombre des espèces de reptiles aujourd'hui connues est d'environ huit cents ; mais il s'en faut bien qu'elles soient réparties également sur toute la surface du globe. C'est dans la zone torride seulement qu'on les trouve en grand nombre, et qu'on en rencontre d'une grande taille, tandis qu'en avançant vers les contrées froides , leur nombre diminue progressivement, et ils sont bien plus petits.

» La Suède, par exemple, possède tout au plus

une vingtaine d'espèces, et l'Europe tempérée, cinquante environ.

» En comparant entre eux les reptiles, tant sous le rapport de leur enveloppe cutanée que sous celui des organes du mouvement et de la circulation du sang, on arrive à les diviser en quatre ordres.

» 1º Les chéloniens ou tortues, dont le cœur a deux oreillettes, et dont le corps, porté par quatre pieds, est enveloppé par deux plaques ou boucliers formés par les côtés du sternum.

» 2º Les sauriens ou lézards, dont le cœur a deux oreillettes, et dont le corps est porté sur quatre pieds ou sur deux pieds, et revêtu d'écailles. Leurs écailles sont disposées, sous le ventre et autour de la queue, par bandes transversales et parallèles ; ils ont de même sous le cou un collier formé par une rangée transversale de longues écailles séparées de celles du ventre par un espace où il n'y en a que de petites comme sous la gorge. Une partie des os de leur crâne s'avance sur leurs tempes et sur leurs orbites, en sorte que le dessus de la tête est muni d'un bouclier osseux que recouvrent de grandes écailles. Le tympan est à fleur de tête et membraneux ; la langue est mince, extensible, terminée en deux longs filets ; le palais est armé de deux rangées de dents ; l'œil, protégé par un prolongement de la peau, est fendu longitudinalement et se ferme par un sphinc- ter (anneau), avec un vestige de troisième paupière sous l'angle antérieur ; la queue , grosse et conique, est aussi longue au moins que le corps.

» Les lézards sont des animaux purement terrestres et qui ne vont jamais à l'eau. Ils s'engourdissent par l'effet du froid, et ne semblent jouir de toutes leurs facultés que lorsqu'une température assez élevée supplée, en quelque sorte, à la chaleur intérieure qui leur manque. Leurs mouvements deviennent alors aussi vifs que légers ; il semble même que le repos leur soit impossible. Sans qu'ils changent de place, on les voit agiter successivement tous leurs membres par une sorte de tremblement convulsif fréquemment réitéré ; mais cette agilité même contribue à épuiser plus promptement leurs forces. Sur un terrain uni, il n'est pas difficile à un homme de les forcer à la course, et les petites espèces deviennent même incapables de mouvements après quelques minutes d'une poursuite soutenue sans relâche. Leurs pattes, qui sont courtes, ne peuvent les soulever beaucoup au-dessus du sol; elles empêchent néanmoins le ventre de traîner lorsque le corps est en mouvement; mais bientôt il retombe dans le repos ; la tête même appuie sur la terre lorsque l'animal est tranquille. Ce ne sont pas seulement leurs pattes et leurs longs doigts qui donnent aux lézards tant d'agilité ; la queue y contribue aussi pour beaucoup par ses mouvements d'ondulation , surtout si la course a lieu dans une herbe épaisse ou entre les branches inférieures d'une haie. Cette queue leur sert encore lorsqu'ils veulent s'élancer à une certaine hauteur ; elle est le principal ressort qu'ils débandent alors , et c'est le plus souvent dans cette circonstance qu'on la voit se rompre, plus ou moins près de son origine, et se détacher, pour l'ordinaire, à l'instant même , accident fort commun, mais peu préjudiciable à l'animal, puisqu'elle ne tarde pas à se reproduire. Ils peuvent encore s'aider de cette queue en la recourbant en forme d'anse , pour se soutenir aux branches ou aux pierres. Leurs griffes, acérées et pointues, leur donnent une grande facilité pour grimper, surtout à ceux dont la taille est petite et le corps léger. Ils se nourrissent surtout d'insectes, de lombrics et de mollusques terrestres ; ils boivent au moyen de leur langue ; ils ne vivent que deux à deux. Ils se servent de leurs griffes et de leur museau pour se creuser un trou dans le sable durci, dans la terre ou dans un tronc d'arbre pourri, à moins qu'ils ne trouvent une retraite toute prête dans les fentes des rochers, dans les interstices des vieux murs ou dans quelques terriers de mulots ou de crapauds. Ce trou est ordinairement un boyau à voûte un peu surbaissée, particulièrement à l'entrée, et déviant le plus souvent, soit latéralement, soit en haut, vers le milieu de sa longueur ; toujours il est terminé en cul-de-sac. Les plus creux ont jusqu'à deux pieds de profondeur , rarement davantage ;

beaucoup n'ont que la moitié de cette étendue.
C'est là que l'animal se tapit au moindre danger, s'il
est à portée d'y arriver avant d'être arrêté dans sa
course ; circonstance qu'il sait, pour l'ordinaire, ap-
précier avec assez de justesse. En est-il trop éloi-
gné, le moindre creux, les ronces ou les herbes lui
fournissent un refuge momentané ; mais il ne se
croit en sûreté que dans son réduit ; aussitôt qu'il
l'a atteint, il reste d'abord à l'entrée, et ne se précipite au fond que lors d'une attaque positive.
C'est aussi là qu'il passe le temps de son engourdissement d'hiver.

» Après ces généralités sur, lesquelles nous reviendrons, passons à la description de chaque espèce.

Le lézard vert, long ordinairement de huit à neuf
pouces, atteint quelquefois jusqu'à un pied et
demi ; mais son corps est toujours étroit, svelte et
cylindroïde, à peu près cylindrique, rond ; la queue
a plus de deux fois la longueur de son corps ; il est
d'un vert jaunâtre en dessous, d'un beau vert brillant
par-dessus, tantôt uniforme, tantôt et plus souvent
parsemé de points, de taches, ou de lignes jaunâtres
ou noirâtres. Il se trouve dans toutes les contrées
tempérées de l'Europe, où il recherche les bois, les
haies, les buissons, les herbes touffues, le voisinage
des ruisseaux.

» Le lézard des souches est d'une taille, en général,
plus petite que le précédent ; ses membres sont gros

et courts, ses cuisses aplaties, sa queue grosse, renflée à son origine, effilée dans le reste de sa longueur ; le dessus du corps est d'un vert jaunâtre, ordinairement semé de points noirs ou d'un bleu foncé ; le dessous d'un vert bleuâtre, avec une série de taches jaunâtres bordées de brun ; les flancs sont de même couleur, avec une ou plusieurs séries de taches moins distinctes. Souvent le brun, tournant parfois au rougeâtre, prédomine, et même, sur quelques individus, fait disparaître presque entièrement les autres couleurs. Cette espèce habite les bois de Vincennes et de Boulogne, et les Bruyères de Sucy. Ce lézard est très-agile, peu craintif, se laissant facilement approcher, mais disparaissant subitement parmi les feuilles sèches, dès qu'on veut mettre la main dessus.

»Le lézard gris ou lézard des murailles est long de sept pouces au plus, a le corps presque carré, d'ailleurs svelte et élancé ; la tête est assez mince, le museau aplati et un peu effilé ; le dessus du corps est grisâtre, avec une série de taches brunes irrégulières sur chaque flanc, et une large bande brune formée de traits réticulés, tachetée de jaune et finement dentelée sur ses bords ; le dessous du corps est blanchâtre, quelquefois piqueté de noir. Les couleurs de cette espèce varient d'ailleurs beaucoup ; les taches jaunes des flancs se multiplient avec l'âge ; dans quelques individus, tout le corps est d'un brun

plus ou moins foncé , surtout au moment où l'épi-
derme est sur le point de se renouveler. D'autres
sont verts et presque sans tache : c'est l'espèce la
plus commune en France et dans toutes les parties
tempérées ou chaudes de l'Europe. Personne n'ignore
qu'il se rapproche volontiers de nos demeures, sans
doute parce qu'il y trouve une plus grande quantité
d'insectes. Les murailles délabrées semblent être son
séjour de préférence : il y trouve sûreté , abri et
abondance de proie.

» Le lézard gris paraît être le plus doux, le plus
innocent et l'un des plus utiles lézards. Ce joli petit
animal n'a pas reçu de la nature un vêtement aussi
éclatant que plusieurs autres quadrupèdes ovipares,
mais elle lui a donné une parure élégante. Sa petite
taille est svelte , son mouvement agile , sa course si
prompte qu'il échappe à l'œil aussi rapidement que
l'oiseau qui vole ; il aime à recevoir la chaleur du
soleil ; ayant besoin d'une température douce , il
cherche les abris, et lorsque, dans un beau jour de
printemps, une lumière pure éclaire vivement un
gazon en pente ou une muraille qui augmente la
chaleur en la réfléchissant , on le voit s'étendre sur
ce mur , ou sur l'herbe nouvelle , avec une espèce
de volupté; il se pénètre avec délices de cette chaleur
bienfaisante ; il marque son plaisir par de molles
ondulations de sa queue déliée ; il fait briller ses
yeux vifs et animés; il se précipite comme un trait

pour saisir une petite proie ou pour trouver un abri plus commode , utile autant qù'agréable. Il se nourrit de mouches, de grillons, de sauterelles , de vers de terre , de presque tous les insectes qui détruisent nos fruits et nos grains ; aussi serait-il fort avantageux que l'espèce en fut multipliée. A mesure que le nombre des lézards gris s'accroîtrait, nous verrions diminuer les ennemis de nos jardiniers ; ce serait alors qu'on aurait raison de les regarder, ainsi que certains Indiens les considèrent , comme des animaux d'heureux augure, et comme des signes assurés d'une bonne fortune et surtout d'une riche récolte.

»Pour saisir les insectes dont ils se nourrissent, les lézards gris dardent avec vitesse une langue rougeâtre assez large, fourchue et garnie de petites aspérités à peine sensibles. Plus il fait chaud , plus les mouvements du lézard gris sont rapides. A peine les premiers beaux jours du printemps viennent-ils réchauffer l'atmosphère que le lézard gris , sortant de la torpeur profonde que le grand froid lui a fait éprouver , et renaissant, pour ainsi dire, à la vie , avec les zéphirs et les fleurs, reprend son agilité et recommence ces espèces de joutes auxquelles il se livre avec sa femelle.

ADOLPHE.

A la bonne heure , il est gentil celui-là ; je n'en

aurai plus peur : voilà pourtant ce que c'est que de s'instruire. Mais il est bien vif : comment le prendre?

M. DE LUÇON.

Tout simplement avec un hameçon auquel on attache une mouche. On place cet appât, au soleil, à l'endroit où il a l'habitude de se montrer ; on s'éloigne un peu, en tenant le bout du fil. Bientôt il s'approche, se jette sur la mouche, et se prend à la manière des poissons pêchés à la ligne.

»Maintenant nous allons nous occuper d'autres reptiles plus ou moins grands, avec lesquels vous ne serez pas fâchés de faire connaissance.

»Commençons d'abord par les crocodiles vulgaires, si célèbres dans l'antiquité par le culte que leur rendaient les Egyptiens. Le crocodile a, le long du dos, six rangées de plaques carrées à peu près égales. Il est, dessus, d'un vert de bronze plus ou moins clair, piqueté et marbré de brun, et d'un vert jaunâtre en dessous. On le trouve dans les deux continens ; il habite le Nil, le Sénégal, ainsi que les lacs et les savanes noyées de l'Amérique méridionale. Il ne se rencontre aujourd'hui dans le Nil que vers la région supérieure de l'Egypte, où il fait très-chaud, et où il ne s'engourdit jamais, tandis qu'autrefois il descendait dans les branches du fleuve qui arrosent le Delta , où il passait , selon le rapport des anciens, quatre mois d'hiver engourdi dans des cavernes. Sa taille atteint jusqu'à vingt-cinq pieds, et quelquefois trente. Il pond, en deux ou trois fois, à des distances rapprochées, une vingtaine d'œufs à coque blanchâtre, qu'il enterre dans le sable, à quelques pouces de profondeur. Il exhale une odeur de musc qu'il communique aux eaux qu'il fréquente, et que conserve sa chair quand il est mort. Cependant les nègres la mangent volontiers, et ses œufs, qui ont la même odeur, sont un mets assez recherché. La nature, en accordant à l'aigle les hautes régions de l'atmosphère , en donnant au lion pour domicile les vastes déserts des contrées ardentes , a abandonné au crocodile les rivages des mers et des grands fleuves des zones torrides.

« Cet animal énorme, vivant sur les confins de la terre et des eaux, étend sa puissance sur les habi-tants de la mer et sur ceux que la terre nourrit. L'emportant en grandeur sur tous les animaux de son ordre, ne partageant sa substance ni avec le vautour, comme l'aigle, ni avec le tigre, comme le lion, il exerce une domination plus absolue que celle du lion et de l'aigle, et jouit d'un empire d'autant plus durable qu'appartenant aux deux élé-ments , il peut échapper plus aisément aux piéges ; qu'ayant moins de chaleur dans le sang, il a moins besoin de réparer des forces qui s'épuisent moins.

vite, et que, pouvant résister plus long-temps à la faim, il livre moins souvent des combats hasardeux. Le crocodile fréquente, de préférence, les rives des grands fleuves, dont les eaux surmontent souvent les bords, et qui, couvertes d'une vase limoneuse, offrent en plus grande abondance les crustacés, les vers, les grenouilles, les lézards, dont il se nourrit; il se plaît surtout dans l'Amérique méridionale, au milieu des lacs marécageux. C'est dans ces terrains fangeux que, couvert de boue et ressemblant à un arbre renversé, il attend, immobile, le moment favorable de saisir sa proie. Sa couleur, sa forme alongée, son silence, trompent les poissons, les oiseaux de mer, les tortues, dont il est avide; il s'élance aussi sur les béliers, les cochons, et même sur les bœufs.

»Lorsqu'il nage en suivant le cours de quelque grand fleuve, il arrive souvent qu'il n'élève au-dessus de l'eau que la partie supérieure de la tête. Dans cette attitude, qui lui laisse la liberté des yeux, il cherche à surprendre les grands animaux qui s'approchent de l'une ou de l'autre rive, et lorsqu'il en voit quelqu'un venant pour y boire, il plonge, va jusqu'à lui en nageant entre deux eaux, le saisit par les jambes et l'entraîne au large pour le noyer. Si la faim le presse, il dévore même les hommes. Les grands crocodiles surtout, ayant besoin de plus d'aliments, pouvant être aperçus et évités plus facilement par les petits animaux, doivent éprouver plus souvent et plus violemment le tourment de la faim, et, par conséquent, être quelquefois très-dangereux, particulièrement dans l'eau. C'est, en effet, dans cet élément que le crocodile jouit de toute sa force, et qu'il se remue avec agilité, malgré sa lourde masse, en faisant souvent entendre une espèce de murmure sourd et confus. S'il a de la peine à se tourner avec promptitude à cause de la longueur de son corps, c'est toujours avec la plus grande vitesse qu'il fend l'eau devant lui, pour se précipiter sur sa proie.

» Lorsqu'il est à terre, il est plus embarrassé dans ses mouvements, et, par conséquent, moins à craindre pour les animaux qu'il poursuit ; mais, quoique moins agile que dans l'eau, il avance très-vite quand le chemin est droit et le terrain uni ; aussi, lorsqu'on veut lui échapper, doit-on se détourner sans cesse.

» Demain nous nous occuperons des serpents proprement dits : venez de bonne heure, mes chers enfants ; cette étude mérite toute votre attention. »

DOUZIÈME LEÇON.

L'HISTOIRE des lézards et des crocodiles avait vivement intéressé Adolphe et Zoé; aussi leur tardait-il d'entendre M. de Luçon reprendre la description des autres animaux de cet ordre, sur lesquels la peureuse jeune fille avait rêvé toute la nuit. Quoique bien convaincue, puisque son bon père l'avait dit, que les petits lézards gris qu'on rencontre sur les murs exposés au soleil peuvent être pris sans danger, elle avait peur encore de l'agilité surprenante de ces reptiles si vifs et si rapides.

— Mais es-tu bien sûr, cher papa, lui disait-elle le lendemain de cette leçon, que le lézard ne mord pas du tout ?

M. DE LUÇON.

Ne pas mordrè du tout et mordre sans danger n'est pas la même chose ; quoiqu'un animal ne soit pas venimeux ni malfaisant, ce n'est pas une raison pour qu'il soit incapable de se défendre et de mordre, même lorsqu'on l'attaque et qu'on le prend.

ZOÉ.

Ainsi il mord, c'est clair.

M. DE LUÇON.

Je ne veux pas te tromper : le plus petit insecte ne mord-il pas lorsqu'on veut le saisir ? Il serre le bout du doigt, voilà tout. Il en est de même du lézard, qui n'a rien de venimeux et qui ne mord que par suite d'un mouvement naturel à tout être qui se défend avec l'arme que lui a donnée la nature.

ADOLPHE.

Ce sont les serpents qui mordent, à la bonne heure...

M. DE LUÇON.

Nous allons y arriver ; mais il y a aussi serpents et serpents. Commençons par celui qu'on rencontre à Sucy et généralement dans les environs de Paris.

ZOÉ.

Comment ! il y a des serpents à Sucy ?...

M. DE LUÇON.

Quand je dis à Sucy, je veux dire dans les châteaux où se trouvent de grands parcs, aux Bruyères, etc. ; mais, excepté la vipère, aucun autre n'est dangereux.

ZOÉ.

Comment les reconnaître ?

M. DE LUÇON.

Tu vas l'apprendre bientôt ; mais il faut procéder par ordre. La première famille est celle des anguis, qui ont l'œil muni de trois paupières. Ces anguis ne forment qu'un seul genre, celui des orverts, qui se reconnaissent, du premier coup d'œil, aux écailles imbriquetées qui les recouvrent entièrement. Nous en avons une espèce fort commune dans toute l'Europe : c'est l'orvert commun, nommé aussi orvert fragile, à cause de la facilité avec laquelle se rompt sa queue, et même son corps. Il atteint communément huit à dix pouces de longueur, et parvient quelquefois à un pied et demi, et même jusqu'à deux ou trois pieds. Son corps est mince, et la queue fait la moitié de la longueur totale ; il est tout couvert d'écailles très-lisses et luisantes. Jaune argenté en-dessus, noirâtre en-dessous, il a trois filets noirs le long du dos, qui se changent, avec l'âge, en diverses séries de points, et finissent par disparaître. Il vit de vers de terre, d'insectes, de petits mollusques, et fait des petits vivants : c'est pour cela qu'on l'appelle vivipare. A l'aide de son museau, il se creuse dans la terre un trou profond de trois à quatre pieds, auquel aboutissent des conduits qui décrivent divers circuits et forment plusieurs issues. Il se retire dans ce trou pendant une partie du jour et de la nuit, durant la pluie, à l'approche du danger, et il y passe le temps des grands froids. Il devient souvent la proie des poules, des canards, des oies, des cigognes, des hérissons et des couleuvres.

ZOÉ.

Ainsi celui-là, au lieu d'être dangereux, est mangé par les autres animaux. J'aime mieux cela.

M. DE LUÇON.

C'est toujours un serpent. Un auteur célèbre,

M. de Chateaubriand, dont vous connaîtrez plus tard les admirables ouvrages, a écrit au sujet des serpents quelques lignes que je veux vous lire.

« Tout, dit-il, est mystérieux, caché, étonnant, dans cet incompréhensible reptile. Ses mouvements diffèrent de ceux de tous les autres animaux. On ne saurait dire où gît le principe de son déplacement, car il n'a ni nageoires, ni pieds, ni ailes, et cependant il fuit comme une ombre, il s'évanouit magiquement, il reparaît et disparaît encore : semblable à une petite fumée d'azur, ou aux éclairs d'un glaive dans les ténèbres, tantôt il se forme en cercle, et darde une langue de feu ; tantôt, debout sur l'extrémité de sa queue, il marche dans une attitude perpendiculaire, comme par enchantement ; il se jette en orbe, monte et s'abaisse en spirale, roule ses anneaux comme une onde, circule sur les branches d'arbres, glisse sous l'herbe des prairies, va sur la surface des eaux. Ses couleurs sont aussi peu déterminées que sa marche : elles changent aux divers aspects de la lumière, et, comme ses mouvements, elles ont le faux brillant et les variétés trompeuses de la séduction.

» Plus étonnant encore dans le reste de ses mœurs, il sait, ainsi qu'un homme souillé de meurtre, jeter à l'écart sa robe tachée de sang, dans la crainte d'être reconnu.

» Par une étrange faculté, il peut faire rentrer dans son sein les petits serpents qu'il a fait naître.

» Il sommeille des mois entiers, fréquente les tombeaux, habite des lieux inconnus, compose des poisons qui glacent, brûlent ou tachent le corps de sa victime des couleurs dont il est lui-même marqué.

» Là il lève deux têtes menaçantes (ceux de la tribu des doubles-marcheurs), ici il fait entendre une sonnette (c'est le genre crotale ou serpent à sonnettes); il siffle comme un aigle de montagne, il rugit comme un taureau. Il s'associe naturellement aux idées morales ou religieuses. Comme par une suite de l'influence qu'il eut sur nos destinées, objet d'horreur ou d'adoration, les hommes ont pour lui une haine implacable, ou tombent devant son génie; l'envie le porte dans son cœur, et l'éloquence à son caducée. Aux enfers, il arme le fouet des furies; au ciel, l'éternité en fait son symbole. Il possède encore l'art de séduire l'innocence, ses regards enchantent les oiseaux dans les airs ; mais il se laisse lui-même charmer par de doux sons, et, pour le dompter, le berger n'a besoin que de sa flûte. »

ADOLPHE.

C'est joliment bien écrit cela ; il me semble voir les serpents dont il parle ; j'en suis encore tout saisi.

M. DE LUÇON.

M. de Châteaubriand a surtout parlé des plus dangereux. Ceux dont je vais vous entretenir sont les reptiles écailleux, privés de pieds, et dont le corps, très-alongé, se meut, soit dans l'eau, soit sur la terre, par une simple reptation. Cette reptation consiste dans une impulsion du corps, soit en avant, soit en arrière, par un mouvement alternatif d'une ou plusieurs de ses parties inférieures contre le sol ; soit que ce mouvement ait lieu par ondulations verticales, comme dans la couleuvre d'Esculape ; soit qu'il s'exécute par des ondulations horizontales, comme dans notre couleuvre à collier ; soit que la partie postérieure seule du corps y contribue, tandis que sa région antérieure est redressée verticalement, comme dans le naja. Quand les serpents se reposent sur la terre, ils forment avec leur corps plusieurs anneaux que surmonte la tête. C'est par le déploiement subit de tous ces anneaux, ou d'une partie seulement, que, quoique privés de pieds, ils réussissent à sauter et à s'élancer. Les espèces qui, comme la couleuvre à collier, se soutiennent dans l'eau . nagent à la surface de ce liquide en respirant au-dehors, et par des ondulations verticales.

» Les muscles des serpents sont doués d'une force prodigieuse ; aussi l'un de leur plus puissants moyens

d'attaque consiste-t-il à enlacer leur proie et à l'étouf-
fer dans leurs replis.

» Les reptiles ne se nourrissent que d'animaux vivants ; ils ne peuvent ni boire ni sucer ; leur langue
est, en général, très-extensible et terminée par deux
langues pointues très-mobiles, d'une consistance
presque cornée ; tous ont la gueule garnie de dents,
mais qui ne leur sont propres qu'à retenir la proie,
Ils changent périodiquement de peau ou plutôt d'épi-
derme, comme les lézards.

» Leurs œufs agglutinés en séries moniliformes
(en forme de collier), par une matière muqueuse,
sont revêtus chacun d'une membrane molle légèrement encroûtée d'une subtance calcaire. Ils éclosent
assez souvent dans l'intérieur du corps, comme, par
exemple, dans les vipères, qui doivent même leur
nom (contraction de vivipares) à cette particularité.
Les femelles prennent souvent soin de leurs petits
dans le premier âge ; on en a vu, au moment du péril,
recevoir leur famille dans leur gosier pour ne la rendre à la lumière qu'après la disparition de l'ennemi.

ZOÉ.

Ils ne sont pas toujours bien méchants ?

M. DE LUÇON.

Non, certainement ; mais l'aspect extraordinaire
de ces animaux, joint aux armes terribles dont ils

sont souvent pourvus, a toujours excité chez l'homme
un étonnement mêlé de crainte.

» Demain nous passerons en revue les véritables
serpents ; quelques-uns sont plus terribles, mais ce
n'est pas en France qu'on court le risque de les rencontrer. »

TREIZIÈME LEÇON.

***

ADOLPHE.

Que je suis contrarié, mon cher papa ! j'ai manqué ce matin, par maladresse, un joli petit lézard qui semblait se chauffer au soleil. Malgré tout ce que tu nous avais dit, la peur d'être mordu m'a ôté la promptitude nécessaire, et je n'ai pas su le saisir dans le moment favorable.

Les Insectes.

M. DE LUÇON.

La peur est un mauvais conseiller ; cependant tu dois penser que s'il y avait le moindre danger, je t'en aurais averti. Je ne te conseillerais pas certainement d'attaquer la vipère, ni de la prendre ; mais le lézard, il faut être bien maladroit pour le manquer : c'est l'ami de l'homme ; il vient même écouter de très près lorsqu'on joue des instruments ; car il aime leurs sons mélodieux.

ADOLPHE.

. Je m'y habituerai ; mais, dans les premiers moments, tous ces reptiles, lézards, crocodiles, serpents, se mêlent dans notre imagination ; et j'ai encore besoin de tes descriptions sur chacun d'eux pour distinguer les bons des mauvais, et me familiariser avec ceux que nous pouvons rencontrer.

M. DE LUÇON.

Alors écoutez-moi avec attention ; nous allons nous occuper de la deuxième famille, dite des vrais serpents.

» Cette famille, qui est bien plus nombreuse que la précédente, comprend les genres sans sternum ni vestiges d'épaules, et dont les côtes, quoique entourant une grande partie de la circonférence du tronc,

ne se rejoignent jamais sous le ventre; plusieurs ont
cependant sous la peau un petit vestige de membre
postérieur qui montre même en dehors, dans quelques-uns, son extrémité en forme de petit crochet.
Leur œil présente une conformation singulière : il
semble d'abord tout-à-fait sec, dépourvu de paupières, et protégé seulement par un léger rebord que
forme la peau. Cette apparence résulte de ce que les
deux paupières sont soudées en une paupière unique
et transparente, qui reste toujours devant l'œil
comme un verre de montre sur le cadran.

» Cette famille est subdivisée en deux tribus.

» La première est celle des doubles-marcheurs, dont
la gueule ne peut se dilater comme dans la tribu
suivante, et dont la tête est toute d'une venue avec
le reste du corps; ce qui leur permet de marcher
également bien dans les deux sens. Leur œil est fort
petit; ils ont le corps tout couvert d'écailles; on ne
connaît aucune espèce venimeuse parmi ces mar-
cheurs.

» L'autre tribu, celle des serpents proprement dits,
l'os tympanique ou pédicule de la mâchoire inférieure mobile et presque toujours suspendu lui-
même à un autre os, attaché sur le crâne par des
muscles et des ligaments qui lui laissent de la mobilité. Les branches de cette mâchoire ne sont pas aussi
unies l'une à l'autre, et celles de la mâchoire supérieure ne le sont à l'intermaxillaire que par des

ligaments, en sorte qu'elles peuvent s'écarter plus ou moins ; ce qui donne à la plupart de ces animaux la faculté de dilater leur gueule au point d'avaler des corps plus gros qu'eux. Le palais, qui participe à cette mobilité, est constamment garni de deux rangs de dents aiguës et recourbées en arrière ; la mâchoire inférieure porte toujours aussi deux rangées de semblables dents. Quant à la supérieure, elle est armée de la même manière que l'inférieure, dans les espèces non venimeuses; mais, dans les serpents venimeux, chacune des branches de la mâchoire supérieure ne porte, en général, qu'une seule dent très-longue, aiguë, en forme de crochet, et percée d'un petit canal, qui donne issue à une liqueur qui, versée dans la plaie que fait la dent, porte le ravage dans le corps des animaux, et produit des effets plus ou moins funestes, selon l'espèce qui l'a fournie. Cette dent se cache dans un repli de la gencive quand le serpent ne veut pas s'en servir, et il y a derrière elle plusieurs germes destinés à la remplacer successivement lorsqu'elle tombe. Les serpents venimeux se reconnaissent d'ailleurs, en général, à leur tête large en arrière, et à leur aspect féroce.

» Cette tribu renferme plusieurs genres.

» D'abord, les espèces non venimeuses : les boas, les couleuvres ; et, parmi les venimeuses, les crotales et les vipères.

» Les boas ont la tête couverte de petites écailles, au

moins à la partie postérieure, l'occiput plus ou moins renflé, le dessous du corps et de la queue garni de bandes écailleuses, transversales et d'une seule pièce ; un crochet de chaque côté de l'anus ; le corps comprimé, plus gros dans son milieu et terminé par une queue prenante, c'est-à-dire susceptible de s'enrouler autour des objets de manière à soutenir l'animal. Quoique dépourvus de venin, les boas n'en sont pas moins redoutables à cause de leur force extraordinaire, qu'accompagne une agilité non moins remarquable. C'est parmi eux que l'on trouve les plus grands de tous les serpents ; il en est qui atteignent jusqu'à quarante à quarante-cinq pieds de longueur, et parviennent à avaler des chiens et des cerfs. Tantôt ils poursuivent leur proie, tantôt ils se cachent pour la guetter et la saisir à l'improviste : tapis sous l'herbe, suspendus par la queue aux branches des arbres, ils attendent le passage de quelque animal propre à satisfaire leur appétit ; et, dès qu'ils en aperçoivent un à leur portée, ils s'élancent sur lui, l'entourent et le pressent de leurs replis tortueux, l'écrasent et le broient, pour ainsi dire, puis l'engloutissent après l'avoir enduit de leur salive muqueuse et fétide. Comme leur proie est souvent très-volumineuse, la déglutition d'abord, et la digestion ensuite, sont pour eux des opérations longues et pénibles. Quand on surprend un boa occupé à introduire dans sa gueule, énormément distendue, un corps qu'elle peut à peine recevoir, il est facile alors de lui donner la mort ; car il ne peut ni fuir dans l'état où il est, ni se débarrasser de cette masse, qui, retenue par les dents recourbées en arrière, dont la gueule est armée, et par la disposition des mâchoires, ne peut plus cheminer que dans le sens où elle est entrée. Une fois la déglutition achevée, ces animaux se retirent dans un lieu écarté, où ils demeurent presque immobiles jusqu'à ce que leur estomac soit déchargé ; et, comme leur digestion dure fort long-temps, la putréfaction qui s'empare de leurs ali-ments avant qu'elle soit achevée, et qui contri-bue même à la faciliter, répand autour d'eux une odeur insupportable, qui décèle au loin leur présence. Parmi les espèces de ce genre, nous en signalerons trois qui atteignent une très-grande taille, et qui se trouvent dans les lieux marécageux des parties chaudes de l'Amérique. Ce sont :

» Le devin, ainsi nommé par les voyageurs, parce qu'on lui a, quoique mal à propos, attribué ce qui est dit de certaines grandes couleuvres dont les nè-gres de Juida font leurs fétiches. Sa tête est en forme de cœur ; son corps est élégamment varié de gris, de blanc, de noir et de rouge ; on le reconnaît surtout à une large chaîne régnant tout le long de son dos, formée de grandes taches noires irrégulières et hexa-gones. On distingue aussi dans cette espèce le lana-conda, qui est brun, avec une double suite de taches rondes et noires le long du dos; le laboma fauve, portant une suite de grands anneaux bruns le long du dos, et des taches variables sur les flancs.

» Le serpent des rizières, ou la grande couleuvre des îles de la Sonde, parvient à plus de trente pieds de longueur.

» Les couleuvres ont le corps couvert d'écailles en dessus, avec des plaques entières sous le ventre, doubles sous la queue; la tête couverte de neuf à douze écailles plus grandes que celles du reste du corps. Ce sont des serpents de moyenne taille, dont la nourriture varie selon les espèces, mais consiste toujours en animaux qu'ils prennent tout vivants. Il est faux, quoi qu'on en ait dit, qu'elles aillent manger les fruits dans les jardins et sucer le lait des vaches dans les prairies et dans les étables. Elles pondent une ou deux fois chaque année un assez grand nombre d'œufs oblongs et membraneux, attachés en chapelets les uns aux autres, et que la chaleur du soleil fait éclore; le genre est très-nombreux en espèces. Il y en a dans toutes les parties du globe. Celles des pays froids ou tempérés s'enfoncent dans la terre en automne, et y restent engourdies pendant tout l'hiver; on en trouve dans toute la France, et principalement dans les environs de Paris.

» La couleuvre à collier, dont la taille est de deux a trois pieds et demi, est cendrée, avec des taches noires le long des flancs, et trois taches blanches formant un collier sur la nuque ; ses écailles sont relevées d'une arête. Elle varie d'ailleurs dans ses couleurs : le collier est souvent jaune ; le dos ou le cou présente parfois des taches soit jaunes, soit couleur de feu ; la teinte générale passe tantôt au bleu, tantôt au brun. Cette couleuvre se rencontre communément dans toute l'Europe, sur les bords des eaux douces, dans les prairies, sur la lisière des bois. On la désigne vulgairement sous les noms d'anguille de haie, de serpent d'eau, de serpent nageur ; elle nage, en effet, assez facilement, traverse des mares et des ruisseaux ; elle grimpe aussi aux arbres avec une agilité remarquable pour y surprendre les oiseaux. Elle pond dans les trous, sur le bord des eaux, dans les fumiers, dans les meules de foin, de quinze à quarante œufs ovales, gros comme le doigt, et attachés en chapelet les uns aux autres. Ces œufs éclosent au milieu de l'été, et avant l'hiver les petits ont déjà six pouces de longueur. On peut manier sans crainte cette couleuvre, car elle ne cherche à mordre que quand elle est irritée, et sa morsure n'est pas dangereuse ; quand on la tourmente, elle siffle avec force, exhale par la bouche une vapeur fétide, et laisse suinter de dessous ses écailles une humeur blanche d'une grande puanteur. On la mange dans quelques pays.

» La couleuvre verte et jaune, la plus jolie des espèces d'Europe, est tachetée de noir et de jaune en dessus, toute jaune et verdâtre en dessous, avec des écailles lisses. Sa taille varie de trois à quatre pieds, et va quelquefois jusqu'à cinq ; elle se trouve dans les contrées méridionales de la France ; on en voit quelquefois à Fontainebleau. Sa demeure ordinaire est dans les bois, le long des haies, ou bien au milieu des rochers et des pierres ; elle se nourrit d'oiseaux, de souris, de grenouilles, de crapauds, etc. ; elle grimpe sur les arbres et nage avec agilité ; elle s'apprivoise facilement.

ZOÉ.

Ainsi les couleuvres ne sont pas dangereuses dans nos pays. Sa couleur est généralement bleue, et sa tête n'est pas plate comme celles des serpents venimeux ; je m'en souviendrai. Mais quels sont donc les autres serpents qu'on appelle serpents à sonnettes?

M. DE LUÇON.

J'allais y arriver : ce sont les crotales ou serpents à sonnettes. Ils sont célèbres par-dessus tous les autres serpents pour le danger de leur venin. Ils ont, comme les boas, des plaques transversales simples sous le ventre et sous la queue ; mais ce qui les caractérise essentiellement, c'est l'instrument bruyant qu'ils portent au bout de la queue, et qui est formé de plusieurs cornets écailleux, emboîtés lâchement

les uns dans les autres, qui se meuvent et réson-
nent quand l'animal rampe ou qu'il remue la queue.
Le museau de ces serpents est creusé d'une petite
fossette arrondie derrière chaque narine. Tous ceux
dont on connaît la patrie viennent d'Amérique ; ils
sont d'autant plus dangereux qu'ils sont dans la
contrée où la saison est plus chaude. Mais leur naturel est, en général, tranquille et assez engourdie.
Ils rampent assez lentement, ne pouvant suivre la
course d'un homme, et ne mordant d'ailleurs que
lorsqu'ils sont provoqués, ou pour tuer la proie
dont ils veulent se nourrir. Quoiqu'ils ne grimpent
point aux arbres, ils font cependant leur nourriture
principale d'oiseaux, d'écureuils, etc. On a cru
long-temps qu'ils avaient le pouvoir de les engourdir
par l'odeur très-fétide qu'ils exhalent, ou même de
les charmer par leur regard et de les contraindre
ainsi à venir d'eux-mêmes se précipiter dans leur
gueule ; mais il paraît qu'il leur arrive seulement
de les saisir dans les mouvements désordonnés que
la frayeur leur inspire. Les grands animaux eux-
mêmes évitent, comme par une crainte instinctive,
les serpents à sonnettes ; les chevaux et les chiens
refusent d'en approcher, quelque violence qu'on
emploie pour les contraindre. Ces terribles reptiles
se montrent, par un singulier contraste, sensibles
au son de la musique, ainsi qu'a pu le vérifier
M. de Châteaubriand au mois de juillet 1791.

« Nous voyagions, dit-il, dans le Haut-Canada,
avec quelques familles sauvages de la nation des
montagnes. Un jour que nous étions arrêtés dans
une grande plaine au bord de la rivière Génésie, un
serpent à sonnettes entra dans notre camp. Il y avait
parmi nous un Canadien qui jouait de la flûte ; il
voulut nous divertir, et s'avança contre le serpent
avec son arme d'une nouvelle espèce. A l'approche
de son ennemi, le reptile se forme en spirale, aplatit
sa tête, enfle ses joues, contracte ses lèvres, découvre ses dents empoisonnées et sa gueule sanglante ; il
brandit sa double langue comme deux flammes ; ses
yeux sont deux charbons ardents ; son corps, gonflé
de rage, s'abaisse et s'élève comme un soufflet d'une
forge ; sa peau dilatée devient terne et écailleuse,
et sa queue, dont il sort un bruit sinistre aux oreilles, remue avec tant de rapidité qu'elle ressemble
à une légère vapeur. Alors le Canadien commence à
jouer sur sa flûte ; le serpent fait un mouvement de
surprise, et retire sa tête en arrière. A mesure qu'il
est frappé de l'effet magique, ses yeux perdent leur
âpreté, les vibrations de sa queue se ralentissent,
et le bruit qu'elle fait entendre s'affaiblit et meurt
peu à peu ; moins perpendiculaires sur leur ligne
spirale, les orbes du serpent charmé s'élargissent,
et viennent tour à tour poser sur la terre en cercles
concentriques ; les nuances d'azur, de vert, de blanc
et d'or reprennent leur éclat sur sa peau frémissante,

et, tournant légèrement la tête, il demeure immobile dans l'attitude de l'attention et du plaisir. Dans ce moment, le Canadien marche quelques pas, en tirant de sa flûte quelques sons doux et monotones ; le reptile baisse son cou nuancé, entr'ouvre avec sa tête les herbes fines, et se met à ramper sur les traces du musicien, qui l'entraîne, s'arrêtant lorsqu'il s'arrête, et recommençant à le suivre lorsqu'il recommence à s'éloigner. Il fut ainsi conduit hors de notre camp, au milieu d'une foule de spectateurs, tant sauvages qu'Européens, qui en croyaient à peine leurs yeux. A cette merveille de la mélodie, il n'y eut qu'une voix dans toute l'assemblée pour qu'on laissât le merveilleux serpent s'échapper. »

ADOLPHE.

Que j'aurais voulu être là !

M. DE LUÇON.

Oui, toi qui as peur d'un lézard, tu aurais fait une jolie figure. Continuons. Les espèces les plus communes de crotales sont le boïquira, qui se trouve aux Etat-Unis, mais qui devient de plus en plus rare dans les pays très-peuplés. Il est brun en dessus, avec des bandes transversales irrégulières, noirâtres, d'un blanc jaunâtre, uniforme en dessous ; la queue est noire.

» Le durissus, qui se trouve à la Guyane, présente, sur un fond gris-jaunâtre, des bandes dorsales noires, irrégulières et transversales. Le ventre est d'un blanc jaunâtre, parsemé de petits points noirs ; la quuee est toute noire.

» Les vipères ont le ventre revêtu de plaques transversales entières, et le dessous de la queue muni d'une double rangée de plaques, comme dans les couleuvres. Leur tête est courte, élargie postérieurement, garnie, en dessus, d'écailles granulées ou de plaques ; leur queue est dépourvue d'appareil bruyant, et elles n'ont pas de fossettes derrière les narines. C'est à ce genre qu'appartiennent plusieurs serpents d'Europe, d'abord la vipère commune, dont la longueur excède rarement deux pieds ; sa couleur est d'un brun cendré sur le dos, avec une ligne noire non interrompue, en zigzag, qui y règne longitudinalement, d'un bout à l'autre, et deux rangées de taches noires de chaque côté ; le dessous est ardoisé ; la tête est couverte d'écailles granulées. Il y en a qui sont presque entièrement noires. Cette vipère est généralement répandue dans les cantons boisés et pierreux de l'Europe méridionale et tempérée. On la trouve, en particulier, dans la forêt de Montmorency, et dans les bois des environs de Sucy, près Paris. Elle se nourrit de petits quadrupèdes, d'oiseaux et même d'insectes ; de mollusques et de vers ; elle s'engourdit chez nous, comme la couleuvre, aux approches de l'hiver, et se retire alors souvent en société sous les tas de pierres ou dans les trous d'arbres ; c'est là que, pendant les froids, on en trouve parfois un assez grand nombre entrelacées les unes dans les autres. Au printemps, elle met au jour douze à vingt-cinq vipéreaux, qui sont devenus, au troisième printemps, capables de reproduire ; mais ils n'ont acquis qu'après six ou sept années leur complet développement.

» Le venin de la vipère tue en quelques minutes un moineau, un pigeon, et même une poule. Un chat y résiste quelquefois, un fort chien et un mouton très-souvent ; il est rarement mortel pour l'homme : l'application d'une ventouse et des caustiques, jointe à l'administration des sudorifiques à l'intérieur, est le moyen qu'on emploie ordinairement pour en détruire l'effet.

ADOLPHE.

Oh, oh ! cela est bon à savoir : je croyais qu'on mourait de la morsure d'une vipère.

M. DE LUÇON.

C'ert une erreur populaire, causée par la négligence ordinaire des paysans, qui laissent le mal empirer, sans y porter remède ; mais les moyens que je viens d'indiquer, mis en pratique aussitôt que la morsure a lieu, écartent tout danger. La vipère sert à préparer un grand nombre de médicaments, tant simples que composés.

» Il y a encore une variété de la vipère commune, qui se distingue en ce qu'elle n'a pas de bande en zigzag non interrompue le long du dos, mais une série de taches noires alternatives. Les taches des flancs sont peu distinguées ou tout-à-fait nulles : c'est la vipère-aspic, qui se trouve aussi en France, et particulièrement dans la forêt de Fontainebleau, où elle n'est que trop commune.

ZOÉ.

Et cette vipère-aspic est aussi dangereuse que l'autre?

M. DE LUÇON.

Oui, et il faut prendre les mêmes précautions lorsqu'on a le malheur d'être mordu. Maintenant laissons ces vilaines bêtes en paix et venons à la mare, afin que je vous montre le quatrième ordre du genre reptile. Ceux-ci ne sont pas dangereux : ce sont les grenouilles et les crapauds.

QUATORZIÈME LEÇON.

LES enfants étaient enchantés de retourner à la mare. Ils y trouvèrent du changement : les eaux, infiltrées dans la terre et pompées par la chaleur du soleil, étaient diminuées ; les nuages rougeâtres des petites larves des cousins étaient disparues et avaient fait place à d'autres.

L'eau était verdâtre et infecte, et des hydrophiles bruns en couvraient la surface.

Adolphe s'écria en voyant sauter les crapauds et les grenouilles à leur approche :

— Les voilà, papa, les voilà tes batraciens, autrement dit crapauds et grenouilles, quatrième ordre des reptiles : tu vois que je n'ai pas oublié le nom.

ZOÉ.

Que veut dire ce mot-là, batracien ?

M. DE LUÇON.

Ce nom vient du grec batrachos, grenouilles, animaux analogues aux grenouilles, que je vais vous décrire.

» Les batraciens n'ont ni caparace ni écailles; une peau nue et muqueuse revêt leur corps, et presque tous ont les doigts dépourvus d'ongles. Ils n'ont au cœur qu'une seule oreillette, et un seul ventricule à leurs poumons; ils ont, dans le premier âge, des branchies analogues à celles des poissons, et situées de même sur les côtés du cou ; mais la plupart perdent ces branchies en arrivant à l'état parfait. Tant qu'elles subsistent, l'aorte, en sortant du cœur, se partage en autant de rameaux qu'il y a de branchies ; le sang des branchies revient par des veines qui se réunissent vers le dos en un seul tronc artériel, comme dans les poissons.

» Les animaux de cet ordre présentent d'ailleurs entre eux des différences très-marquées: ainsi, pour ne parler que de leur forme générale, il en est qui, à l'état parfait , sont dépourvus de queue, tandis que d'autres en conservent une ; les uns prennent quatre membres, d'autres n'en acquièrent que deux ; d'autres enfin n'en ont jamais aucun. L'ordre des batraciens ne renferme, du reste, qu'un petit nombre de genres, parmi lesquels nous ne ferons connaître que ceux des grenouilles et des salamandres.

» Les grenouilles ont, dans leur état parfait, quatre jambes et point de queue ; leur tête est plate, leur museau arrondi, leur gueule très-fendue ; la plupart ont une langue molle, qui ne s'attache point au fond du gosier, mais au bord de la mâchoire, et se reploie en dedans ; leurs pieds de devant n'ont que quatre doigts, ceux de derrière en ont cinq. Leur squelette est entièrement dépourvu de côtes ; elles ont ordinairement, à fleur de tête, une plaque cartilagineuse, qui leur tient lieu de tympan , et qui fait reconnaître l'oreille au dehors. L'œil a deux paupières charnues, et une troisième, cachée sous l'inférieure, transparente et horizontale.

» L'aspiration de l'air ne se fait que par les mouvements des muscles de la gorge, laquelle, en se dilatant, reçoit de l'air par les narines. L'expiration, au contraire, s'exécute par les muscles du bas-ventre. Ainsi, quand on ouvre le ventre de ces animaux vivants, les poumons se dilatent sans pouvoir s'affaisser, et si on en force un à tenir sa bouche ouverte, il s'asphyxie, parce qu'il ne peut plus renouveler l'air de ses poumons.

» Le petit être qui sort des œufs se nomme têtard; il est d'abord pourvu d'une longue queue charnue, d'un petit bec de corne, et n'a d'autres membres apparents que de petites franges aux côtés du cou. Elles disparaissent au bout de quelques jours pour s'enfoncer sous la peau et former les branchies : celles-ci sont de petites houppes très-nombreuses attachées à quatre arceaux cartilagineux placés de chaque côté du cou, adhérentes à l'os hyoïde; l'eau qui arrive par la bouche, et en passant dans les intervalles des arceaux cartilagineux, en sort tantôt par deux ouvertures, tantôt par une seule, percée, ou dans le milieu, ou au côté gauche de la peau extérieure, selon les espèces. Les pattes de derrière du têtard se développent d'abord sous la peau, qu'elles percent ensuite; la tête est résorbée, c'est-à-dire qu'elle disparaît par degrés; le bec tombe, et laisse paraître les véritables mâchoires, qui étaient d'abord molles et cachées sous la peau. Les branchies s'anéantissent; les poumons exercent seuls la fonction de respirer, qu'elles partageaient avec eux. L'œil, que l'on ne voyait qu'au travers d'un endroit transparent de la peau du têtard, se découvre avec ses trois paupières. Les intestins, d'abord très-longs et contournés en spirale, se raccourcissent et se renflent à l'endroit qui doit former l'estomac; aussi le têtard ne vit-il que d'herbes aquatiques, tandis que l'animal adulte, la grenouille, se nourrit d'insectes et d'autres petits animaux, qu'elle happe tout vivants. L'époque de chacun de ces changements particuliers varie d'ailleurs selon les espèces ; dans les pays froids et tempérés, l'animal parfait s'enferme, pendant l'hiver, sous terre et sous l'eau dans la vase, et y vit sans manger et sans respirer.

» Ce genre, très-nombreux en espèces, se divise en plusieurs sous-genres, parmi lesquels nous allons faire connaître ceux des grenouilles proprement dites, des rainettes et des crapauds.

» Les grenouilles proprement dites ont le corps effilé et les pieds de derrière très-longs et très-forts ; leur peau est lisse ; leur mâchoire supérieure est garnie tout autour d'un rang de petites dents fines, et il y en a une rangée transversale, interrompue au milieu du palais ; les mâles ont, de chaque côté, sous l'oreille, deux petits sacs, qui communiquent par un petit trou au fond de la bouche, et qui se gonflent d'air quand ils crient. Leur voix, beaucoup plus forte que celle des femelles, porte le nom de coassement. On sait qu'Aristophane, poète comique grec, a cherché à l'imiter par les syllabes brè, ké, kex, coax, coax. Les espèces les plus répandues en France sont :

» La grenouille commune ou verte, longue de deux à trois pouces, sans compter les pattes postérieures, d'un beau vert taché de noir, avec trois raies jaunes sur le dos, le ventre d'un vert jaunâtre : c'est cette espèce si commune dans nos eaux dormantes, et que vous avez vue sauter ici ; elle est incommode en été par la continuité de ses clameurs nocturnes ; elle va rarement à terre, et ne s'écarte jamais de la rive ; elle répand ses œufs en paquets dans les mares. Ses cuisses forment un aliment sain et agréable.

» La grenouille rousse, de même taille que la précédente, rousse ou brune, ou verdâtre en dessus, avec une bande noire triangulaire partant de l'œil et passant sur l'oreille ; le ventre blanc et taché de brun : c'est l'espèce qui paraît la première au printemps ; elle va plus à terre que la précédente, coasse beaucoup moins ; c'est elle que l'on mange le plus communément dans les contrées de la France ; ses .cuisses sont aussi bonnes que celles de la grenouille verte.

» Les rainettes ne diffèrent des grenouilles que parce que l'extrémité de chacun de leurs doigts est élargie et arrondie en une espèce de pelote visqueuse, qui leur permet de se fixer aux corps et de grimper aux arbres. Elles s'y tiennent, en effet, tout l'été, et y poursuivent les insectes ; mais elles pondent dans la vase l'hiver, comme les autres grenouilles. Le mâle a, sous la gorge, une poche qui se gonfle quand il crie. Le croassement des rainettes ressemble beaucoup à celui des grenouilles ; on a essayé de le rendre par les syllabes carac, carac, carac, carac. Nous n'en avons en Europe qu'une espèce : c'est la rainette commune ou verte, dont le corps a d'un pouce à un pouce et demi de longueur ; elle est d'un beau vert gai en dessus, d'un vert très-pâle, nuancé de jaunâtre et de rougeâtre, en dessous, avec une ligne jaune et noire le long de chaque côté du corps ; elle est commune dans le Midi ; on la rencontre aussi aux environs de Paris.

ZOÉ.

J'ai bien écouté cette description ; mais comment les distinguer des crapauds ?

M. DE LUÇON.

Tu vas le voir : les crapauds sont bien différents : ils ont le corps ventru, couvert de verrues ou papilles ; un gros bourrelet percé de pores derrière l'oreille, lequel exprime une humeur laiteuse et fétide ; point du tout de dents ; les pattes de derrière, en général peu alongées ; ils sautent mal et se tiennent généralement plus éloignés de l'eau que les grenouilles. Les mâles sont ordinairement privés de ces poches qui renforcent la voix dans les deux sous-genres précédents. Ce sont des animaux d'une forme hideuse, d'un aspect dégoûtant, que l'on accuse mal à propos d'être venimeux par leur salive, leur morsure, leur urine, et même par l'humeur qu'ils transpirent. C'est pendant la nuit, et à la suite des pluies chaudes de l'été, qu'ils sortent de leurs retraites, et alors on en voit souvent paraître tout-à-coup un très-grand nombre à la fois. Ils ne se reproduisent qu'à la quatrième année, et vivent probablement fort long-temps. On en a vu d'apprivoisés qui venaient, à un certain signal ou à une certaine heure, chercher la nourriture qu'on avait habitude de leur donner. Ils meurent promptement quand on les saupoudre de sel ou de tabac. On trouve communément en France le crapaud commun, dont la taille varie de deux à cinq pouces ; il est gris roussâtre ou gris brun, quelquefois olivâtre ou noirâtre ; il a le dos couvert de beaucoup de tubercules arrondis, gros comme des lentilles ; le ventre garni de tubercules plus petits et plus serrés ; les pieds de derrière demi-palmés ; ils se tiennent dans les lieux obscurs et étouffés, et passent l'hiver dans des trous qu'ils se creusent. La femelle produit des œufs petits et innombrables, réunis par une gelée transparente en deux cordons souvent longs de vingt à trente pieds. Le têtard est noirâtre, et de tous ceux de notre pays c'est celui qui est encore le plus petit lorsqu'il prend des pieds et perd sa queue. Le cri de cette espèce a quelque rapport avec l'aboiement du chien.

» Il y a encore le crapaud des joncs, long de deux à trois pouces, olivâtre ; il a des tubercules comme

le précédent, une ligne jaune longitudinale sur l'é-
pine, une rougeâtre dentelée sur le flanc; les pieds
de derrière sans aucune membrane; il répand une
odeur empestée de poudre à canon, vit à terre, ne
saute pas du tout, mais court assez vite; il grimpe aux
murs pour se retirer dans leurs fentes, et a, pour
cela, deux petits tubercules osseux sous la paume
des mains; il ne va à l'eau que pour la reproduction
des espèces, au mois de juin; il pond deux cordons
d'œufs comme le crapaud commun; le mâle crie
comme la rainette, et a de même une poche sous la
gorge.

» Le crapaud brun est long de deux pouces environ;
il est brun clair, marbré de brun foncé ou de noirâtre;
il a sur le dos des tubercules, mais en petite quantité, gros comme des lentilles; son ventre est lisse;
comme ses pieds sont palmés et très-alongés, il saute
assez bien; il se tient de préférence près des eaux,
et répand une forte odeur d'ail lorsqu'il est inquiété.
Ses œufs forment un cordon très-épais. Son têtard
tarde plus que les autres de ce pays-ci à passer à l'état
parfait, et il est déjà fort grand qu'il a encore sa
queue, et que ses pieds de devant ne sont pas sortis;
il a même l'air de rapetisser lorsqu'il perd tout-à-
fait son enveloppe de têtard; on le mange en quelques lieux comme si c'était un poisson.

» Le crapaud sonnant ou pluvial, le plus petit et le
plus aquatique de nos crapauds, long d'un pouce

environ, est grisâtre ou brun en dessus, bleu noir avec des taches orangées en dessous; ses pieds de derrière sont complètement palmés et presque autant alongés que ceux des grenouilles; aussi saute-t-il presque aussi bien qu'elles; il se tient dans les marais; il pond après le mois de juin; ses œufs sont en petits pelotons et plus grands que ceux des espèces précédentes. Parfois il jette un gémissement lugubre; mais, pendant le reste de la belle saison, il fait entendre, surtout le soir après la pluie, un coassement d'une monotonie fatigante, que l'on a comparé au son d'une cloche agitée dans l'éloignement.

» Le crapaud de Rœsel, verdâtre, parsemé de verrues noirâtres en dessus, cendré verdâtre en dessous, a les pattes antérieures demi-palmées; il a deux pouces et demi environ de longueur. Il est commun dans les mares et les bois de l'Europe. Au printemps, on le trouve en abondance à la mare d'Auteuil, située dans le bois de Boulogne, près Paris. On en fait dans ce lieu une pêche assez productive; on le coupe par le milieu du corps, et on vend les cuisses à Paris pour des cuisses de grenouilles. Ces cuisses d'ailleurs, selon Bosc, sont aussi saines et aussi bonnes, quoique peut-être un peu plus dures, que celles des grenouilles, surtout lorsqu'elles appartiennent aux crapauds qui vivent ordinairement dans l'eau.

» Nous allons finir par une autre espèce de reptiles plus désagréable encore à la vue : ce sont les salanandres, qui ont le corps alongé, quatre pieds et une ongue queue; ce qui leur donne la forme générale les lézards. Leur tête est aplatie, l'oreille cachée ntièrement sous les chairs, sans aucun tympan ; eurs mâchoires sont garnies de dents nombreuses et etites ; leur langue est comme celle des grenouilles ; lles n'ont pas de troisième paupière; leur squelette de très-petits rudiments sur les côtés, mais sans ternum osseux. Elles ont un bassin suspendu à l'épine ar des ligaments, quatre doigts aux pattes de devant, resque toujours cinq à celles de derrière. Dans 'état adulte, elles respirent d'abord par des branchies n forme de houppes, au nombre de trois de chaque ôté du cou, qui s'oblitèrent ensuite; elles sont sus- endues à des arceaux cartilagineux, dont il reste des arties à l'os hyoïde de l'adulte; une opercule mem- raneuse recouvre les ouvertures, mais les houppes e sont jamais enfermées dans une tunique, et flot- ent au dehors; les pieds de devant se développent t vont à ceux de derrière; les doigts poussent aux ns et aux autres successivement.

» On divise les salamandres en terrestres et en quatiques.

» Les salamandres terrestres ont, dans l'état parfait, a queue ronde, ne se tiennent dans l'eau que pen- ant leur état de têtard, qui dure peu, ou quand lles veulent mettre bas; les œufs éclosent dans le ein de la mère.

10.

» La salamandre commune a six à huit pouces de longueur, y compris la queue ; elle est noire et tachetée d'un jaune vif ; elle a, de chaque côté, sur l'occiput, une glande analogue à celle des crapauds, et sur ses côtés sont des rangées de tubercules desquels suinte, lorsqu'elle est poursuivie, une liqueur laiteuse amère, d'une odeur forte, qui est un poison pour des animaux très-faibles. C'est peut-être ce qui a donné lieu à la fable que la salamandre peut résister au feu. Elle se trouve dans toute l'Europe, se tient dans les lieux humides, se retire dans des trous souterrains, mange des lombrics (vers de terre) et des insectes de l'humus ; elle paraît sourde et n'a pas de voix.

» Les salamandres aquatiques conservent toujours la queue comprimée verticalement, et passent presque toute leur vie dans l'eau. Les expériences de Spallanzani sur leur force de reproduction les ont rendues célèbres. Elles repoussent plusieurs fois de suite le même membre quand on le leur coupe, et cela avec tous ses os, ses muscles, ses vaisseaux. Les petits n'éclosent que quinze jours après la ponte, et conservent leurs branchies plus ou moins longtemps, selon les espèces. Lorsque l'hiver les surprend avec des branchies, elles les conservent jusqu'à l'année suivante. Les observateurs modernes en ont reconnu dans notre pays plusieurs espèces, dont la plus longue taille est de huit à neuf pouces ; mais ces espèces sont encore mal déterminées, attendu que ces animaux changent de couleur, selon l'âge, le sexe et la saison. Les mâles se distinguent des femelles par des crêtes dont le bord supérieur de la queue est garnie, et qui ne sont bien développées qu'au printemps. Nous allons nous arrêter là, mes chers enfants : je crois vous avoir donné une idée générale des reptiles, et surtout vous avoir fixés sur ceux qui se trouvent dans les environs de Paris.

ZOÉ.

Si je me souviens bien de tout ce que tu nous as expliqué, parmi toutes ces vilaines bêtes, la vipère seule est dangereuse dans notre pays. Mais il y a des moyens de se préserver des suites funestes de ses piqûres ; cela me rassure un peu.

M. DE LUÇON.

Oui, sans doute ; mais il faut savoir la reconnaître, et ne pas confondre la vipère avec la couleuvre.

ADOLPHE.

Je ne m'y tromperai pas, moi, rien qu'à son dos, qui est marqué d'une raie noire en zigzag, et garni, sur les côtés, de points noirs.

ZOÉ.

De plus, elle a la tête beaucoup plus plate que celle des autres serpents.

M. DE LUÇON.

C'est cela, mes enfants; vous voilà un peu au courant des études préliminaires d'entomologie et d'histoire naturelle, en ce qui concerne les reptiles. Si ces leçons, recueillies par vous, vous donnent le goût de l'étude des autres animaux, un jour je vous entretiendrai de petits êtres non moins intéressants, mais qui habitent, en quelque sorte, les régions de l'air; je veux parler des oiseaux. Nous quitterons ce sol pour faire connaissance avec ces jolies petites créatures ailées que la Providence semble avoir mises autour de nous pour enchanter nos oreilles et charmer nos yeux; nous aurons, dans cette nouvelle étude, mille occasions de la remercier de tant de bienfaits et de la bénir.

FIN.

DICTIONNAIRE.

DICTIONNAIRE

DES MOTS D'HISTOIRE NATURELLE AVEC LESQUELS LES ENFANTS SONT PEU FAMILIARISÉS.

ACÉTIQUE. — Acide acétique : c'est le vinaigre.

ACIDE. — On donne le nom d'acide à un composé d'une saveur aigre, et qui a la propriété de rougir l'infusion de tournesol.

AGGLUTINÉ. — Entortillé de matière visqueuse.

AIGUILLON. — Dard des abeilles, des guêpes et autres insectes.

ALCOHOL. — Dénomination moderne de l'esprit de vin.

AMMONIAQUE. — Composé gazeux à la température ordinaire, formé de trois volumes d'hydrogène et d'un volume d'azote, lequel, dissous dans l'eau, constitue l'ammoniaque liquide.

ANNEAUX. — On appelle ainsi, en anatomie, les pièces dont la réunion forme la partie extérieure de l'abdomen des insectes.

ANUS. — Orifice inférieur du rectum, par lequel passent les excréments.

APTE. — Qui est propre à faire quelque chose.

AQUATIQUE. — Qui est élevé, qui vit dans l'eau.

ARCHET. — Sorte de petit arc tendu avec des crins pour tirer des sons de certains instruments. Nervure de l'élytre supérieur du grillon.

ATMOSPHÈRE. — Masse d'air qui environne la terre.

AUXILIAIRES. — Ceux qui aident, qui portent secours à d'autres.

BOURSOUFFLURES ou BEZONGES. — Excroissances formées par les pucerons, qui y déposent une liqueur mielleuse, comme dans la vessie de l'ozme. A Constantinople, on mange les bezonges de la sauge, comme en France les bezonges de lierre terrestre.

BRANCHIES. — Organes respiratoires.

BRUYÈRES. — Réunion d'arbustes qui croissent dans des terres incultes.

CANICULE. — Etoile qui se lève avec le soleil en juillet et août, et à laquelle un préjugé populaire attribue les grandes chaleurs.

CARAPACE. — C'est la partie supérieure du test des tortues. La partie opposée se nomme plastron.

CARABE. — Genre d'insectes parmi les coléoptères carnassiers.

CARÉNÉ. — Se dit, en histoire naturelle, de toutes parties relevées au milieu en dos d'âne.

CAUSTIQUE. — Mordant brûlant.

CELLULES. — Cavités, alvéoles.

CHENILLE. — Etat du papillon avant sa métamorphose; autrement dit, papillon à l'état de larve.

CHRYSALIDE. — Etat de la chenille renfermée dans sa coque, avant de se transformer en papillon.

COLÉOPTÈRES. — Insectes qui ont les ailes en étui.

COMPARTIMENTS. — Assemblage, réunion de plusieurs figures, séparations, cloisons arrangées avec symétrie.

CONIQUE. —Terme de géométrie. Qui a une forme de cône, en pain de sucre.

CONTIGU. — Se dit d'un objet qui touche immédiatement à un autre.

COQUE. — En entomologie, on entend par ce mot l'enveloppe.

CORIACÉ ou **PAPYRACÉ.** — Se dit des insectes pendant leur métamorphose.

CORSELET. — Partie du corps de l'insecte entre la tête et le ventre.

CRÉPUSCULAIRE. — Nom donné aux animaux qui ne sortent de leur retraite que vers le coucher du soleil.

CROTALES. — Nom d'un ordre de reptiles.

CRUSTACÉS. — Animaux à corps et à pieds articulés, respirant par des branchies et recouverts, en général, d'un test.

CORAPACE. — On appelle ainsi les écrevisses, les homards, les crabes.

CYLINDRIQUE. — A forme roulée, solide, rond, long et droit, à bases parallèles.

DÉGLUTITION. — Action d'avaler les aliments.

DESSICCATION. — Action de dessécher un corps.

DIGITIGRADES. — Famille de mammifères carnassiers qui marchent sur la pointe de leurs ongles.

DOLICHOS. — Plantes de la famille des légumineuses.

ÉLATÉRIDES. — Nom d'une famille d'insectes.

ENTOMOLOGIE. — Histoire des insectes, de *logos* et *entomon*, entrecoupé ; et, en effet, les insectes sont en trois parties, la tête, le thorax et l'abdomen.

ENVERGURE. — Longueur des ailes déployées d'un oiseau.

ESSAIM. — Volée de jeunes abeilles qui se séparent des vieilles.

EXOTIQUE. — Etranger au pays que nous habitons.

FACETTE. — Petite face comme dans les diamants à facettes.

FAUVE. — Couleur tirant sur le roux.

FOUISSEUR. — De fouir, creuser la terre.

GAVARNI. — Peintre, dessinateur très-connu.

GERME. — Embryon d'une graine, d'un œuf ; partie compacte dont se forme l'animal, au centre de l'œuf.

GRAMINÉES. — Nom d'une famille de végétaux ; le blé, l'avoine, etc., sont des graminées.

GRANULÉ. — Qui est sous la forme de petits grains.

HYMÉNOPTÈRES. — Insectes à quatre ailes, les inférieures plus petites, et les femelles portant un aiguillon à l'extrémité de l'abdomen.

HEXAGONE. — Qui a six angles et six côtés.

LANET. — Espèce de filet en gaze, de forme conique, fixé à un anneau en laiton, attaché lui-même à un bâton.

LARVE. — Etat de l'insecte lorsqu'il sort de l'œuf.

LATÉRAL. — Qui appartient au côté d'une chose.

LÉPIDOPTÈRES. — Insectes ayant des ailes formées de petites écailles.

LIGAMENTS. — Espèces de faisceaux qui maintiennent les os auprès desquels ils se forment.

LINÉAIRE. — Qui a rapport aux lignes, qui se fait par des lignes, qui représente des lignes.

MARNE. — Rivière de France, qui porte ce nom à cause des terres marneuses qu'elle roule dans son sein.

MAXILLAIRE. — Qui appartient aux mâchoires.

MÉTACARPE. — Partie de la main située entre le carpe et les doigts : le carpe est le poignet.

MÉTATARSE. — Partie du pied entre le tarse et les orteils.

MICROSCOPE. — Instrument d'optique qui grossit les objets quatre cents fois, six cents fois, mille fois.

MÉTAMORPHOSE. — Changement d'une forme en une autre.

MUE. — Changement de plumage, de poil, de peau, chez les animaux.

NERVURES. — Parties saillantes qu'on remarque sur le corps des insectes, sur les ailes.

NEUTRE. — Qui n'a pas de sexe, qui n'est ni mâle ni femelle, qui ne produit rien quant à la génération des êtres.

NYMPHE. — Etat de la larve lorsqu'elle se prépare à sa dernière métamorphose.

OESOPHAGE. — Canal conduisant à l'estomac.

ONGLET. — Crochet qui termine les tarses.

ORGANE. — Une partie du corps d'un animal qui exerce une fonction principale.

OS HYOIDE. — Qui appartient à la langue : l'os hyoïde, le muscle hyoïde.

OVOIDE. — De la forme d'un œuf.

OXYGÈNE. — Air vital.

PALMURE. — Membrane placée entre les doigts.

PALPE. — On donne ce nom à des filets presque toujours articulés, mobiles, semblables à de petites antennes, accompagnant la bouche des insectes ; on les divise en palpes labiaux, portés par les lèvres, et en palpes maxillaires, portés par les mâchoires.

PARASITES. — Se dit de l'insecte qui vit sur un autre animal.

PÉDICULE. — Sorte de queue.

PENNES. — La rangée de grandes plumes de l'aile chez les oiseaux.

PHÉNOMÈNE. — Tout ce qui paraît d'extraordinaire dans l'air, le ciel ; divers effets admirables de la nature, etc.

PIPLE. — Jolie propriété située près de Sucy en Brie, à quatre lieues de Paris, appartenant à M. Hottinguer, maire de Boissy-Saint-Léger, banquier à Paris. Cette belle propriété a été habitée par madame de Pompadour. Une route qui domine toute la plaine, dont la vue est délicieuse, porte encore le nom de Pompadour.

PITUITAIRE. — Membrane qui revêt l'intérieur du nez.

PLANTIGRADES. — Animaux qui marchent sur la plante des pieds.

QUADRUPÈDE. — Qui a quatre pieds.

SCAPULAIRES. — Les plumes attachées à l'humérus ou au bras.

SERRICORNES. — Nom d'un ordre d'insectes.

SESAME. — Plante de la famille de bignonées.

SPOLIER. — Déposséder par fraude, par violence; dépouiller quelqu'un de ce qu'il possède.

STERNUM. — Non d'un os placé à la partie antérieure et supérieure de la poitrine.

STRIDULATION. — La sonorité, la modulation des
sons.

STRIÉ. — Qui a de petites lignes enfoncées et
parallèles.

SUSTENTATION. — Aliment, nourriture en quantité suffisante à l'entretien de la vie.

TARIÈRE. — Prolongement de l'abdomen, servant
d'oviducte. Oviducte, appendice que les femelles
ont, chez les insectes, à l'extrémité, de l'abdomen,
servant à déposer leurs œufs dans des trous assez
profonds. L'oviducte a la forme d'un stilet, d'un
sabre, etc.

TARSE. — Dernière partie de la patte : c'est une
suite de petits articles qui, par leur variété nu-
mérique, par leur figure, aident beaucoup dans la
méthode.

THORAX. — Poitrine.

TRACHÉE. — Vaisseau aérien. Canal qui porte
l'air aux poumons.

TRIANGLE. — Figure qui a trois angles et trois
côtés.

TROCHANTER. — Nom de deux protubérances ou apophyses des os du fémur chez les mammifères. Seconde pièce de la patte chez les insectes.

TRONC. — Partie du corps humain, composé de la tête du bassin et du thorax.

TUBE. — Tuyau; en botanique, partie inférieure d'une corolle, monopétale.

TUBERCULE. — Point élevé, distinct, quelquefois assez gros, qui s'élève sur une surface.

TUMÉFACTION. — Tumeur, élévation sur quelques parties du corps d'un animal.

TYMPANIQUE. — Pédoncule de l'os de la mâchoire chez les reptiles.

VASE. — Bourbe au fond des rivières et des étangs.

VÉGÉTAL. — Plante, tout ce qui appartient à l'ordre végétal.

VENTRICULES. — Cavités de l'estomac, du cœur, du cerveau.

VERTICAL. — Perpendiculaire à l'horizon.

VIBRATIONS. — Les tremblements d'une corde, etc.

FIN DU DICTIONNAIRE.

LIMOGES. — IMPRIMERIE DE BARBOU FRÈRES.

www.ingramcontent.com/pod-product-compliance
Lightning Source LLC
LaVergne TN
LVHW021652060726
842527LV00003B/875